Cuisine leçons en pas à pas

法式西餐宝典

[法]纪尧姆·戈麦 著

[法]让-夏尔·瓦扬 摄影

罗杨子 译

中国轻工业出版社

序

保罗·博古斯
Paul Bocuse

在戈麦的家庭里，从未有人从事过厨师行业。他的童年理想就是要成为法式烹饪界的佼佼者。没有得天独厚的条件，他仍迅速地用令人瞩目的履历闯进了这片不轻易接纳外来者的领域，实现了他的夙愿。戈麦在非常年轻时就进入行业当学徒，他从厨师这个庞大行业的金字塔结构底层做起，辗转于各个餐厅，历经锤炼，最终进入了爱丽舍宫。早前，他在法国最传奇的大厨之一贝尔纳·弗松（Bernard Vaussion）的指导下工作。25 岁时，他成为最年轻的法国最佳工匠获得者，成为业界传奇人物。戈麦志向高远，内心平和，和善而热情。2013 年，他追随恩师的脚步，入主了总统的厨师团队。他对烹调永远保持着热情，同时谨慎并严格地遵循着法式料理的规则，维持着法式生活的艺术感。在他的哲学里，不论是烹调一盘开胃菜，或是一道主菜，都要将想象力发挥到极致！

戈麦的日常生活里，时刻面对着自我挑战，那就是不论任何场合，不管需要准备多少盘菜，都要烹调出最美味的佳肴。戈麦用精湛的技艺磨练出了独树一帜的风格，他的成就除了依靠一定的天赋，更重要的是他拥有诸多优秀品质。这位年轻的法国主厨，不仅遵从食材和产品的原本特性，更保持着厨师的职业初心。他热衷于在社会活动和职业协会中分享职业经验和心得体会。

希望烹饪和美食爱好者能从这本细节翔实、充满实例的著作中发现烹调的乐趣，并提出宝贵的建议。

序

乔·卢布松
Joël Robuchon

2004年1月的法国最佳工匠比赛中，我第一次见到纪尧姆。这个比赛传奇而严苛，是业界的圣杯，旨在表彰手工业各门类中表现突出的从业者，挖掘行业精英。很多人垂涎，但极少人能通过。在比赛这种激烈、紧张的场合里，评委们轻易就能观察到参赛者的个性、喜好、动机等。即使比赛充斥着胜负利害关系，纪尧姆仍展现了他热情和宽厚的品质。他对烹饪极度热爱，如饥似渴地学习烹饪艺术和各种技艺，使评委们确定他会成就一番事业。

我听说他曾怀着对行业大师的仰慕之情，只身前往位于巴黎珑骧街的茉莉餐厅，想要见到我，并进入我的餐厅做学徒。得知这些后我深受感动，并由衷的骄傲，但他最终未能鼓足勇气，我只能对我们的错过感到遗憾。

值得庆幸的是，他终于在25岁时以更精彩的方式赢得了法国最佳工匠奖章，成为业内该奖章最年轻的获得者，在厨师制服上戴上了法国国旗颜色的蓝、白、红围领。当他成为爱丽舍宫主厨时，他就是戴着这个围领接受的任命。

在此我借用法国前总统萨科齐卸任之前，授予他骑士勋章时的话来评价纪尧姆："毫不夸张地说，他是法国文化的使者。""爱丽舍宫主厨对我来说意义重大，这个职位展示了法国的国家形象，承担着重要的责任。我有幸与世界上最好的团队携手工作，你们是法国精神的永恒代表。"

纪尧姆获得过无数荣誉和奖章，并极其勤勉、积极地参与各类社会活动和团体，他时刻走在法国各厨师组织的前列，是法国国家厨师协会成员、法国主厨协会成员、奥古斯特·埃斯科菲耶（Auguste Escoffier）大厨的门生、世界主厨协会法国分会成员。2012年他获得了“法国美食最具影响力人物”称号。2015年他获得了“世界美食最具影响力三十人”称号。

他的书内容简单朴实，将工作中的杰作和一腔热情完美融合。他的书里展现了目前广受大众喜爱的、法国各地区传统美食的烹调方法，如红酒酱水波蛋、蛋黄酱煮鸡蛋、烤鸡、勃艮第红酒炖牛肉、洛林火腿馅饼、法式馅饼、焦糖香烤鸭胸肉、肥肝酱、经典炖蔬菜牛肉汤、圆白菜塞肉、羊肚菌炖牛胸腺、慢炖羊腿、淡水小龙虾配酒香蛋黄羹、里昂梭鱼肠、膨化土豆等。在这本书里，我们能看到、闻到、感受到，并且口留余香。这本书带给我们童年的味道，将我们带到家宴、节日宴席、周年纪念餐、圣餐、婚宴等宴会上，带给所有法国人共有的、在某些悠远而幸福的时刻想要品尝的、永恒的味觉体验。

纪尧姆在书中带我们重温了这些经典菜肴的做法，并提供了很多实用技巧和独家秘诀，如切小洋葱头或洋葱、澄清黄油、捆扎家禽翅膀或蛋黄酱的简易料理技巧。

我们同样能够通过美食摄影师让－夏尔·瓦扬（Jean-Charles Vaillant）的镜头学习到每一个步骤的操作细节。这些影像充分呈现出了菜肴的色、香、味。

这是一本非常实用的操作手册，不管作为收藏或参考，它都能随时破解“美食密码”，给出美味的答案。

目录

2
8
3
9
1
4
5
10
6
Microplane
7
15
11
17
18
27
32
36
16
35
33
34

12
13
14
LE CREUSET
LE CREUSET
20
21
19
22
26
23
28
29
24
30
31
25
40
38
39
41

主要厨房工具

1 **擦丝器：** 削体积较小的食材（柠檬片、格鲁耶尔干酪或孔泰干酪）。有不同尺寸。

2 **烤叉：** 穿起食材（蔬菜、肉、鱼）并旋转，或滗炖菜。

3 **软刮刀：** 边缘柔软，材质适用于刮各类食材，如酱料、奶油、面团和其他配菜。

4 **抹刀：** 用于搅拌，其中聚碳酸酯材料的抹刀最为耐用。

5 **削皮刀：** 削蔬菜的表皮。

6 **小刀：** 一般用来切肌理较细的食材，刀尖需非常尖锐。

7 **主厨刀：** 切蔬菜和一些肉类。

8 **温度计：** 测量已准备好的食材的温度（面团、甜点馅料等）。

9 **过滤网：** 粗略过滤酱料汁或其他液体。

10 **滤网筛：** 过滤面粉和馅料中的杂质，防止结块。

11 **软塑料刮板：** 刮容器的底部和内壁，尤其适合刮滤网筛。

12 **不粘锅：** 烹饪食材，使其上色。

13 **网勺：** 用其捞出浸在油锅或沸水里的食材，并沥干。

14 **炖锅：** 最好选择传热性能最佳的铸铁锅，使食材均匀受热。

15 **不粘烤盘：** 烹调出完美菜肴的保证。

16 **烤架：** 最好选择不锈钢材质。冷却速度快，防止食材凝固。

17 **蔬果切割器：** 能将蔬果削出规则的细丝，削出的尺寸可变。

18 **松露切片器：** 能将松露削出规则的薄片。

19 **搅拌器：** 不锈钢的搅拌器更坚固，也更易清洗。

20 **有柄平底不粘锅：** 用于烹饪食材，使其上色。锅的尺寸可以根据食材分量匹配。

21 **浇汁长柄汤匙：** 最好选用不锈钢材质。

22 **漏勺：** 将食材浸入冷或热水中，随后盛出。也用来撇去浮在表面的杂质。

23 **长柄大汤勺：** 盛酱料汁或汤，或将容器里的液体盛出，注入另一只盛有备好食材的容器里。

24 **胡椒研磨器：** 将胡椒研磨成颗粒。

25 **盐瓶：**撒出细盐。

26 **手动捣泥器：**拥有多种不同的网格，将蔬菜捣成泥。

27 **擀面杖：**需轻且直，擀面时不需太用力。

28 **去鱼刺镊子：**去除鱼刺。

29 **巴黎苹果勺：**有不同尺寸的勺子，将蔬菜或水果挖成小球。

30 **刷子：**给模具涂黄油，或给面点表面涂装饰。

31 **蘑菇刷：**轻轻刷蘑菇头，清洁其表面。

32 **甜点模具：**用于做甜点，有多种不同形状（无装饰的、带棱纹的等），可切割出形状规整、边缘清晰的甜点。

33 **框架：**将面坯做成正方或长方形（根据框架的不同形状）。

34 **切菜砧板：**出于卫生考虑，在使用砧板前后都需要清洁。不同颜色的砧板切不同的食材（绿砧板切蔬菜、红砧板切肉、蓝砧板切鱼等）。

35 **半球形盆：**可以盛放需要搅拌的食材，最好选用不锈钢材质。

36 **不粘煎锅：**比有柄平底不粘锅更大、更浅，是煎炒食物的最佳选择。

37 **喷枪：**灼烧或烘烤食材。

38 **斗笠状过滤器：**过滤烹调好的半成品，去除杂质。

39 **捆扎针：**和细绳一起使用，捆扎家禽，确保家禽在烹调过程中不散。

40 **漏斗：**将液体、粉末或面糊等倒进一个体积较小的容器中。

41 **美式钳：**将食物从一个容器移到另一个容器里。

本书使用说明

烹饪：最重要的技术

烹饪不仅是一种能力，也是分享和传承。我的朋友菲利普·尤拉卡（Philippe Urraca）也持有同样观点，这体现在他的作品《面包房》里。本书将介绍烹饪的基本技巧，包括法式大餐的做法和历代厨师的心得。

在这本书里可以看到法式经典菜肴的烹饪方法，如经典炖蔬菜牛肉汤、勃艮第红酒炖牛肉、普罗旺斯鱼汤，还有法式馅饼等。此外，本书还将一些爱丽舍宫代表性的菜肴介绍给大家，也以此向伟大的主厨保罗·博古斯致敬，1975 年他发明了被誉为“爱丽舍宫汤”的松露汤，在爱丽舍宫经久留传。书里的所有菜肴，每一个操作步骤都附有照片，使表述更直观，操作方法也更清楚。所有的菜肴都附有技巧提示、解释和主厨建议，以此加深对烹饪技术的理解。

在本书最后有一章“基本技巧”，这一章介绍了所有的烹饪基本技巧，如切蔬菜的大小、煮高汤等最核心的内容。掌握这些技巧后，即可制作书中的 78 道菜肴。千万不要忘记，烹饪首先是一项技艺，只有熟悉并掌握技巧，才可能在烹饪菜肴的基础上有所创新，就像书中的一些菜谱，是我经历了学习、实践后进行的二次创新。

质量不佳的食材无法烹饪出美味

注意！书中的烹饪技巧仅适用于质量佳、当季的新鲜食材（可参考书后食材时令表）。请相信养殖户和专门的经销商（肉店、鱼铺、蔬果商），他们能挑选出合适的食材，助您成功烹调出美味佳肴。

准备时间和温度

每份菜谱都标注了准备时间，根据烹饪水平和厨具状况的不同，所用时间和书中不一定一致，书中提示的时间仅供参考。可以按照自己的节奏把握时间。

同样，书中的烤箱温度也只针对传统烤箱。设置烘烤时间和温度时，可根据书里的提示进行设置，随后再根据每台烤箱进行调整。

此外，书中所有的温度都以摄氏度为单位。以下是温度调节器和摄氏温度的对照表。

温度对照表	
摄氏温度	温度调节器挡位
30℃	1
60℃	2
90℃	3
120℃	4
150℃	5
180℃	6
210℃	7
240℃	8

详细的步骤讲解

每份菜谱都进行了详细讲解，分解每一个步骤，展示每一个动作。拍摄的步骤照片旨在突出烹调技术，而非美观。另外，特写镜头能够更清楚地展示动作和准备工序。

本书中大部分菜谱都是 6 人份。有一些菜谱由于排版位置的限制，无法一一展示出所需配料的数量。另外，为了便于阅读，对菜谱中涉及的基本技巧进行了系统性提示（▶ 见……页）。

本书没有对菜谱进行操作难易度的分级，每份菜谱中准备时间提示就足以表明这道菜的难易程度。每道菜谱都提供了建议和技巧提示，所以完成每道菜肴并非难事。静置时间和烹饪时间都有特殊的图标表示。

以下是 3 种图标及它们的含义：

静置时间　　炉灶烹饪时间　　烤箱烘烤时间

附加内容

本书除了烹饪基本技巧和菜谱外，特增加了“折叠餐巾”的章节，该章将帮助您掌握折叠餐巾的实用技巧。书的最后还介绍了蔬菜切分的不同形状、烹调术语、食材的出产时间等内容。

最后

记住，烹饪的本质是适应变化。技术并不是一成不变的，它应根据不同人和技术的革新，展现出当下的流行趋势（如从研钵到搅拌器，从刀到蔬菜切割器的变化）。书里的照片仅作参考，实际操作可能与图示存在一定差距。请勇敢尝试、大胆想象、收获快乐！

开胃菜

肥肝酱

LE FOIE GRAS

6人份

静置时间：**1小时**
准备时间：**20分钟**
腌制时间：**12～24小时**
烹调时间：**1千克食材需要50分钟**

原料

肥肝 2块（每块500～600克）

调料（1千克鹅肝所需的量）
甜酒 6毫升
波尔图红酒 12毫升
白兰地 6毫升
四合香料（肉桂或姜、丁香、豆蔻、黑胡椒）1克
砂糖 3.5克
盐 13克
胡椒粉 2.5克

准备肥肝

1 将肥肝分开。

提示！

选择新鲜、颜色发白并且质地柔软的肥肝，不要有刀伤或血渍。应购买用纸包装的，而非真空包装的肥肝。

2 将肥肝常温下静置至少1小时，使其稍氧化，水分少量挥发，让血管、筋膜更突出，质地更紧实，能更轻松地去掉血管、筋膜。

3 用咖啡匙背面或圆刀去掉肥肝上的筋膜，再小心地去掉血管。

4 将肥肝放在盘内，用甜酒、波尔图红酒、白兰地、四合香料和砂糖腌制。

5 最后撒上盐和胡椒粉腌制。

肥肝卷成形

6 用保鲜膜将肥肝密封。

7 将肥肝置于冰箱冷藏室中继续腌制12～24小时后，取出置于常温下。

提示！

如果需要，此时可在肥肝的腌料中加入一些干果、松露或蔬菜。

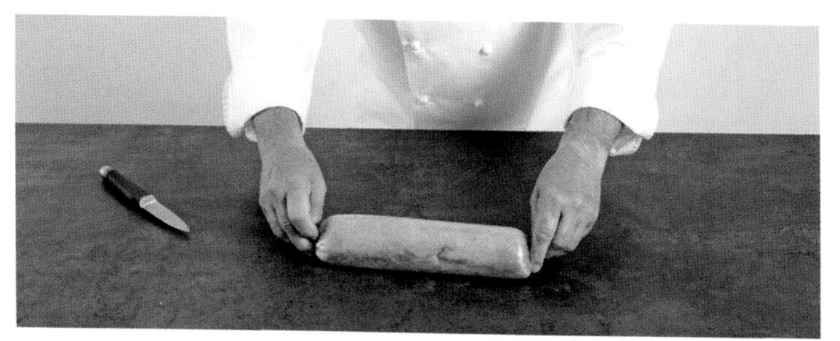

8 用保鲜膜紧紧包裹住肥肝并卷起。

提示！

卷肥肝时可以将两端朝不同方向转动，这样会卷得更紧实。

9 用细线将两端系紧。

10 准备一个放肥肝卷的容器，盛满80℃左右的热水。

提示！

也可将肥肝卷放至炖锅中，便于后续烹调。

11 将肥肝卷放入锅中。每千克肥肝浸泡约50分钟。

提示！

肥肝卷表层的油脂浮出后可以撇出，用来炒土豆。

12 将浸泡在热水中、熟透的肥肝卷取出，放至盛有冰块的水中冷却。然后将肥肝卷放入冰箱冷藏至少6小时即可完成。食用时去掉保鲜膜，将肥肝酱切块，放于甜点盘中，或整块享用。

主厨建议

- 准备阶段的工作繁杂且需要小技巧，只需紧跟步骤，一切都不成问题。自己尝试制作肥肝酱，是一次美妙又省钱的体验。

- 将制作好的肥肝酱在常温下放置两三天，口感将更加醇厚。

- 肥肝酱搭配烤面包片或酥皮奶油面包，配以酸辣酱（▶ 见第 302 页），口感更佳。

全熟烤肥肝配无花果

LE FOIE GRAS CHAUD ENTIER
RÔTI AUX FIGUES

6 人份

准备时间：**25～45分钟**
腌制时间：**2～6小时**
烹调时间：**15～20分钟**

原料

肥肝 1块
白兰地 50毫升
无花果酒 50毫升
盐 适量
胡椒粉 适量
砂糖 少许
无花果 12个（配4片无花果叶更佳）
小个红洋葱 1个

腌制肥肝

1 将肥肝放于盘中，用刀尖在表面扎10次左右，戳出细小的刺痕即可，注意不要破坏或切开肥肝。

2 将白兰地均匀地淋在肥肝上。

3 加入无花果酒。

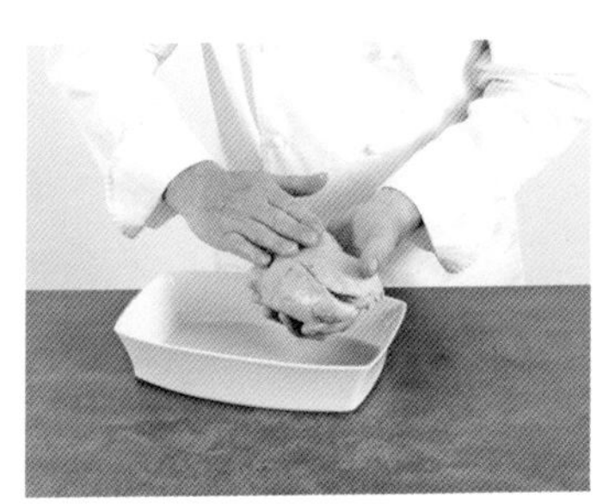

4 用指腹按摩肥肝，使腌料充分渗入。

5 撒适量盐、胡椒粉和少许砂糖，使肥肝肉质更紧实。

为什么？

少量砂糖可去除肥肝的苦味。

6 腌制2~6个小时，腌制时间越长越能使腌料充分浸入肥肝。可预留一些腌制酒，如果在这个过程中肥肝没有充分腌制好，也能在之后的烹饪过程中加入。

7 挑选6个形态饱满的无花果，洗净并切掉顶部。

提示！

选取新鲜、成熟、果肉紧实的无花果，法国卡龙地区的黑无花果尤佳。

8 将其余6个无花果切开，每个切成4块。

9 红洋葱去皮、切碎（▶ 见第347页）。

提示！

切洋葱时务必顺着洋葱顶部至根部的方向切。

烹制肥肝

10 预热好炖锅后，开大火，将肥肝放入锅内迅速翻烤，使其均匀受热。注意翻烤时间不宜过长，以免煳锅。

提示！

翻烤肥肝至表面轻微变色即可，过度煎烤会使肥肝味道变苦。

11 从炖锅中取出肥肝。锅内油脂留用，注意不要烧煳。炖锅不需清洗。

12 将切碎的红洋葱倒入炖锅，使油脂浸润洋葱碎，加热10分钟。

13 待洋葱变色并呈糊状时，加入无花果块和腌制酒。如果没有留存腌制酒，也可加入少许水。

准备无花果叶（非必需）

14 将无花果叶清洗干净，快速在热水中焯一下，以保留叶片中的叶绿素，使叶子更柔软、鲜亮。取出叶子，浸泡在冷水中。

为什么？

这样做能让叶子保持新鲜。

15 去掉叶子的茎和粗纤维，随后将2片叶子叶脉面朝上，重叠放在砧板上。

16 将肥肝放在无花果叶上。

17 折叠第一层叶子，包裹住肥肝。

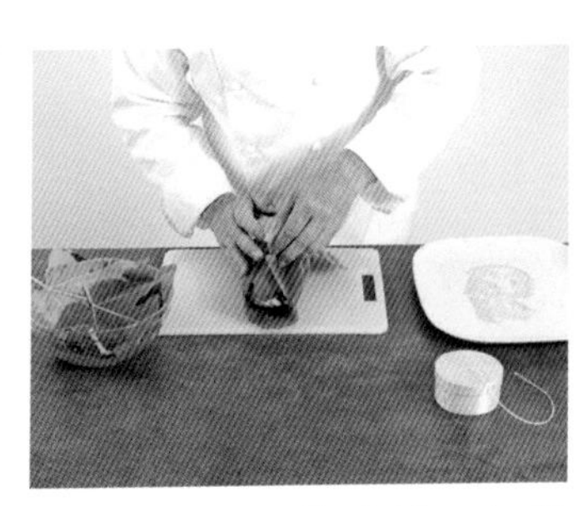

18 折叠另一片叶子，包紧肥肝。

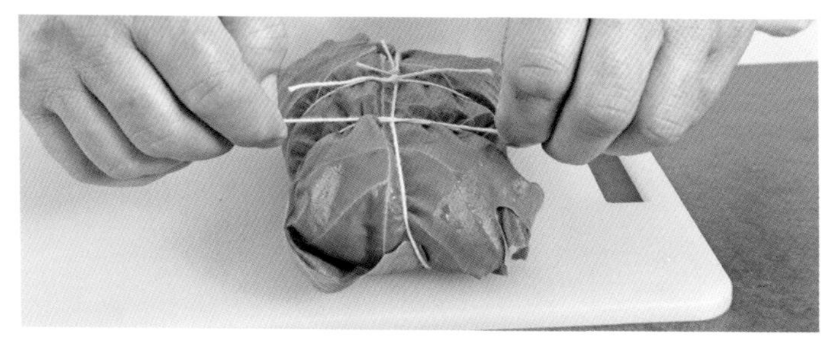

19 用细绳紧紧绑住用无花果叶包着的鹅肝。

为什么?

无花果叶会给肥肝带来些许清香，并使肥肝呈现出漂亮的绿色。

制作肥肝

20 将包裹好的肥肝放进盛有洋葱碎和无花果块的炖锅里。

21 在锅中放入整个的无花果，盖上锅盖，放入烤箱，200℃烤约15分钟。

注意!

必须严格按照设定的温度和时间制作肥肝，否则会煳锅。

22 摆盘时先将肥肝取出，点缀整个的无花果、少许洋葱碎和无花果糊。

提示!

可将肥肝切片或切块；摆盘时可以用圆形餐盘。

主厨建议

- 传统的烹调方法中，肥肝需要充分加工呈饼状或酱，能使肥肝充分吸收油脂。用传统方法烹调时，需预先处理掉肥肝的血管和筋膜，用肠衣或薄肥肉片包裹住肥肝。建议用一种不同于传统做法的烹调方法，就是当肥肝肉质变得微红时即可出锅，这时肥肝的质地更紧实、口感更醇厚。过去的习惯是吃全熟的肥肝，用鹅肝作热菜，用鸭肝作冷盘。

- 如果将这道全熟烤肥肝配无花果作主菜，一块肥肝可制作 4 人份。

- 可根据季节或喜好来调整菜谱。例如夏季可以用樱桃和杏当配菜，作为节日大餐或冬季可以用栗子、蘑菇或松露当配菜。

法式馅饼

LE PÂTÉ EN CROÛTE

6 人份

准备时间：**40～50分钟**
静置时间：**2小时（发酵）+6小时**
腌制时间：**12小时**
烹调时间：**1小时15分钟**

工具

馅饼模具
温度计
打蛋器
漏斗

原料

面饼
面粉 250克
玉米面粉 175克
白葡萄酒醋 7.5毫升
温水 75毫升
软化黄油 225克
砂糖 2.5克
鸡蛋 40克（1个大的鸡蛋）
盐 10克

肉馅
肥肝 150克
牛胸肉 100克
面粉 适量
食用油 适量
黄油 适量
榛子仁 25克
小洋葱头 100克
蘑菇 50克
盐 适量
胡椒粉 适量
家禽或野味（鸡肉、野鸡肉）500克
猪前颈肉 250克
猪胸肉 250克
阿马尼亚克烧酒 20克
胡椒粉 2克
砂糖 2克
肉冻 适量

馅饼壳
鸡蛋 1个

制作面饼

1 面粉过筛后倒入沙拉碗中，倒入玉米面粉，用打蛋器拌匀。

2 在搅拌好的面粉中加入一半温水和白葡萄酒醋，搅拌均匀。倒入软化黄油和砂糖。

为什么?

醋会使面团发酸，这种酸味和烹制后的味道是一样的。在面团中加入砂糖可使馅饼上色。

3 加入鸡蛋和盐，再次搅拌。

4 分2次将面团倒入搅拌器，持续搅拌。如果需要，可以在搅拌过程中加入适量的水。

为什么?

分2次放入面团可以避免结块。

5 将面团取出后揉圆。可在手上蘸一些面粉，能防止面团粘住。将面团尽量揉圆。

6 用保鲜膜将面团包起来。

7 将面团在室温下放置至少2小时（可在前一天完成）。

准备肉馅

8 牛胸肉焯水，去浮沫，捞出后用温水清洗（▶ 见第207页）。

9 焯水后，把牛胸肉切成2.5厘米见方的肉块。

10 撒上面粉和盐。

11 平底锅中加入少许食用油和黄油。

12 榛子仁切碎后入锅焙烤至微微上色即可。

提示！

也可用烤箱180℃烤8分钟，烤4分钟后翻面。

13 蘑菇切成大块。

14 小洋葱头切碎后倒入锅内，加入食用油和黄油。

15 加入大块蘑菇翻炒四五分钟。

16 将牛胸肉外的所有肉切块，放入绞肉机中绞碎。

17 将炒好的洋葱碎、蘑菇块和榛子碎放入肉馅中，加入阿马尼亚克烧酒。

18 加盐、胡椒粉和砂糖。

准备肥肝

19 将肥肝在常温中放置一段时间，能更好地去除血管筋膜。将肥肝切块。

提示！

选择新鲜、颜色发白并且质地柔软的肥肝，不要有刀伤或血渍。应购买用纸包装的，而非真空包装的肥肝。

擀面饼

20 将面团擀成厚度为3毫米左右的面饼。

21 将面饼按以下尺寸分成4块：一块边长30厘米的正方形，一块长33厘米、宽10厘米的长方形和两块长13厘米、宽10厘米的长方形。

22 用烘焙纸隔开面饼，常温下放置30分钟。（注意！加工面饼使之成形前需要静置面团，但静置时间不要超过12小时。）

面饼成形

23 准备长30厘米、宽7厘米、高8厘米的馅饼模具，内壁刷一层食用油，将正方形面饼放入模具。

24 用沾满水的刷子刷模具内壁侧面，这里将要放进小块的长方形面饼。

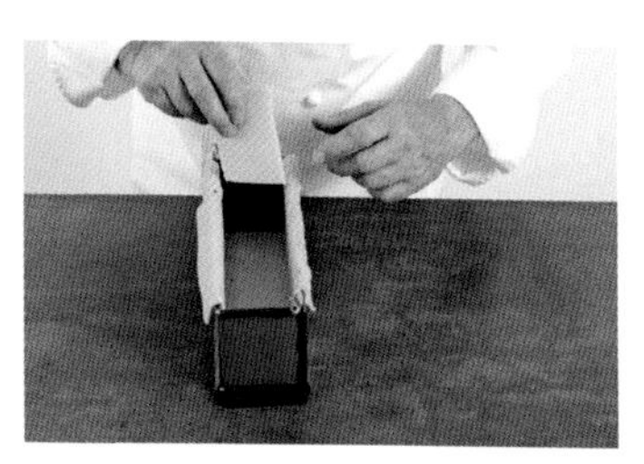

25 模具两端分别放入两块长方形面饼。

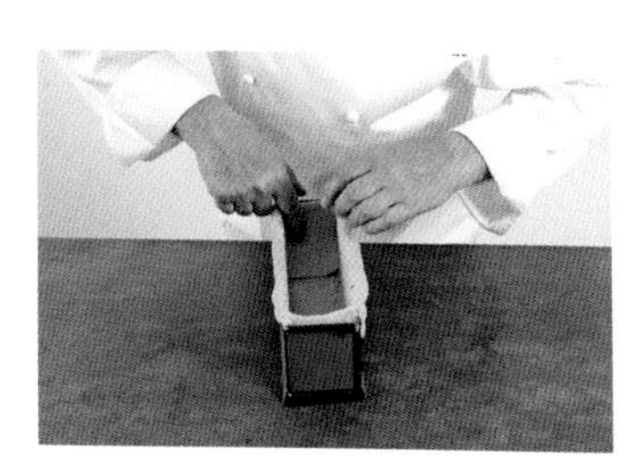

26 将面饼牢牢粘在模具上。

27 将肉馅填入面饼，牢牢挤压，不要留空气，注意适当用力，不要压坏面饼。

28 再放入牛胸肉块和肥肝块。

29 长33厘米的面饼沾水，封住盛满肉馅的模具。

30 整理面饼盖形状，切掉模具外的面饼边。

31 用手指在面饼边捏出花纹进行装饰。

32 将切掉的面饼边放在馅饼上，根据喜好随意装饰。

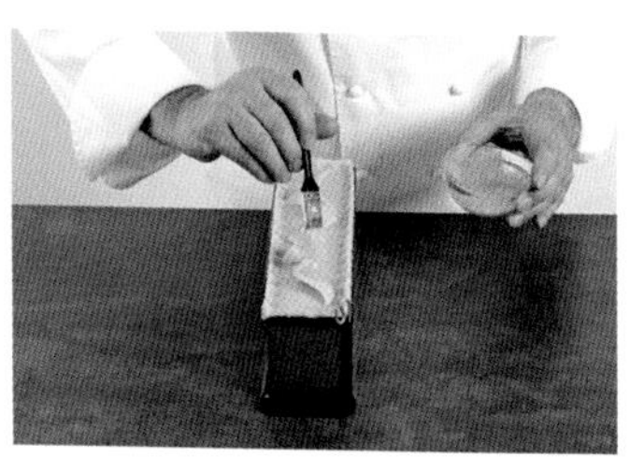

33 在表面刷一层鸡蛋液。

6 人份

准备时间：**1小时**
烹调时间：**35分钟**

工具

圆形馅饼模具（高约3厘米）或圆形挞模具（直径约20厘米）

原料

熏猪胸肉 150克
火腿 50克（厚切火腿1片）
食用油 少许
黄油 少许
鸡蛋 2个
蛋黄 2个
全脂牛奶 250毫升
液体奶油 250毫升
盐 适量
胡椒粉 适量
肉豆蔻 适量
格鲁耶尔产干酪丝 适量

水油酥

面粉 250克+40克
盐 5克
蛋黄 1个
淡黄油 125克
水 50毫升

准备水油酥

1 将250克面粉倒在砧板上，均匀地撒盐。

提示！

也可将面粉和盐倒入沙拉碗中，用搅拌器搅拌。

2 在面粉堆中心挖一个凹洞。

3 倒入蛋黄。

4 加入淡黄油。

5 将面粉稍微混合后加水。

6 揉面，让所有原料混合均匀。

7 揉一两遍即可，不要揉搓过度。

为什么?

过度揉搓会使面团过于有韧性。

8 将面揉成面团，用保鲜膜包住。

提示!

最好提前揉好面团，面团冷却后，韧性降低，更易擀成面饼。

制作馅料

9 将熏猪胸肉切块。

10 将火腿切丁。

11 锅中加少许食用油，将肉块和火腿丁大火快炒，蒸发出一部分水分。

12 盛出，沥干水和油。

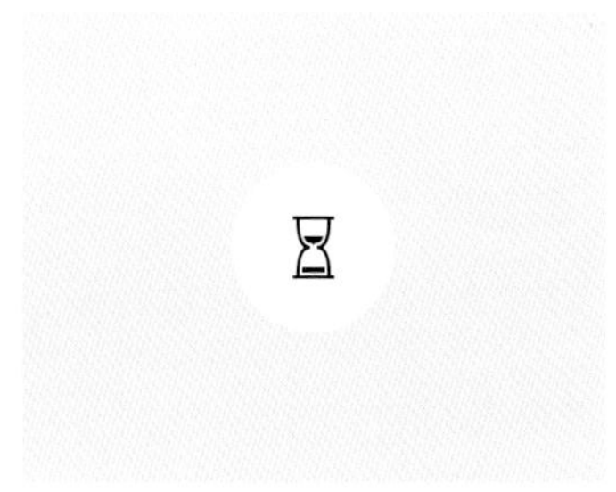

13 室温放置能留住肉的鲜味。

制作水油酥

14 将40克面粉均匀地撒在砧板上，以防粘连。将面团擀成厚3毫米左右的面饼。

15 将面饼顺着擀面杖卷起，注意不要弄断面饼。

16 在圆形馅饼模具内壁涂上黄油。

17 将模具放在铺好烘焙纸的砧板上，放入面饼。

18 根据模具形状将面饼与模具完全贴合。

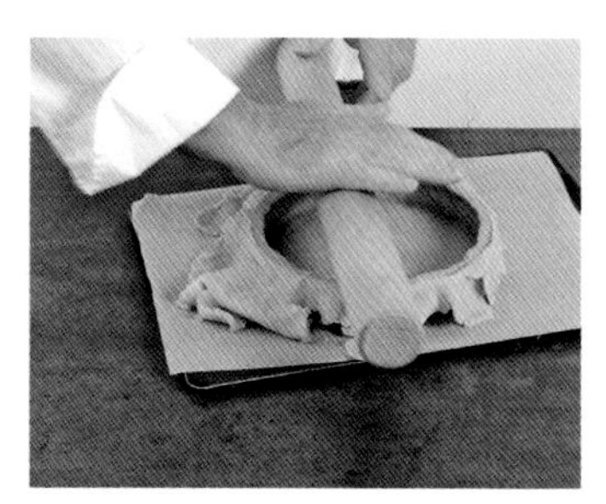

19 切掉模具外的面饼多余部分。

20 将馅饼边缘捏出装饰纹路，并用叉子在面饼底部轻戳出小洞。

提示！

可以提前至前一天进行这道工序。

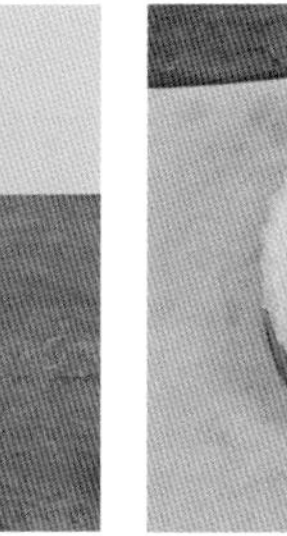

21 预烤面饼至面饼呈现白色，但并未上色。

制作火腿馅饼

22 将鸡蛋和蛋黄倒入沙拉碗中，用手动打蛋器用力搅拌均匀。

23 加入全脂牛奶和液体奶油，继续搅拌。

24 加入胡椒粉和肉豆蔻。

25 过滤打发的蛋液，使其更均匀，无杂质。

26 水油酥冷却后，将馅料铺在上面。

27 铺一层干酪丝。

28 倒入制作好的蛋液。

29 将馅饼放入烤箱，200℃烤制25～30分钟。

注意！

不要将馅饼烤到 100℃，会影响口感，并且会出现颗粒物。

主厨建议

- 为了使馅饼的味道更丰富，可以改变配菜或在混合蛋液中加入其他配料，如藏红花、咖喱粉或姜粉。
- 一般建议火腿馅饼热食，在野餐或鸡尾酒会等场合，作为冷食食用也很美味。

弗朗什－孔泰
热舒芙蕾奶酪蛋糕

LE SOUFFLÉ CHAUD AU COMTÉ

6 ~ 8 人份

准备时间：**30分钟**
烹调时间：**根据舒芙蕾尺寸，需15 ~ 30分钟不等**

工具（非必需）

搅拌器

原料

黄油 150克
全脂牛奶 1升
面粉 150克
蛋黄 18个
蛋清 8个
弗朗什-孔泰奶酪丝 300克
肉豆蔻粉 少许
盐 适量
胡椒粉 适量

准备蛋黄黄油液

1 在锅中加热牛奶，放入黄油化开。

2 当黄油与牛奶混合，但还未沸腾时，加入面粉。

3 用搅拌器搅拌，注意不要结块。

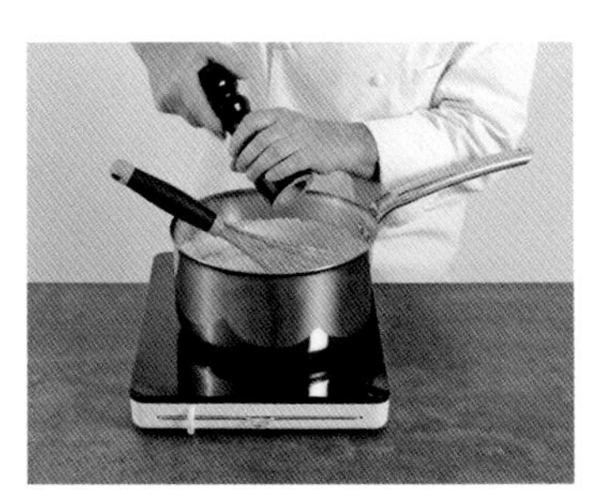

4 加入盐和胡椒粉。

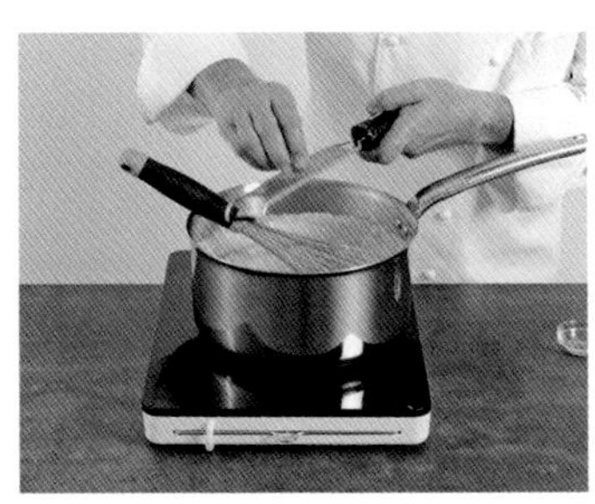

5 加入少许肉豆蔻粉。

6 继续搅拌直至液体呈奶油状。

7 关火，加入弗朗什-孔泰奶酪丝。

提示！

做这道甜点时，不要选择过于成熟的奶酪，会让口感偏咸。

8 充分混合搅拌，倒入沙拉碗中。

9 趁温度较高时，加入蛋黄。

10 用搅拌器将蛋清打出泡沫。

提示！

可以用手动搅拌器或电动搅拌器打发。当使用电动搅拌器时，为快速发泡，可以在蛋清中加入 1 撮盐和 1 滴柠檬汁。

11 搅拌蛋清时不需打出太多泡沫，否则与蛋黄液混合时会出现颗粒。

12 将打发的蛋清轻轻倒入蛋黄黄油液中。

13 在蛋糕烤碗内壁涂上大量黄油。

制作蛋糕

14 将蛋黄黄油液盛入蛋糕模具，不要碰到模具边缘，以防在烤制过程中蛋糕内部的气流受阻，无法均匀膨胀。

15 入烤箱220℃烤制30分钟。

提示！

尺寸稍小的舒芙蕾蛋糕需烤制15～20分钟，尺寸较大的需30分钟。

主厨建议

- 趁热食用，舒芙蕾内部的空气慢慢溢出后，蛋糕会塌陷。

贡多拉船芦笋

LES ASPERGES SUR GONDOLE

6 人份

准备时间：**15分钟**
烹调时间：**10～20分钟**

工具

餐巾
漏勺

原料

芦笋 6份
粗盐 适量

准备芦笋

1 去掉芦笋尖上的笋芽，用刀由上至下刮掉根部的硬丝。

2 如选购的是绿芦笋或紫芦笋，可以从芦笋中段以下去皮。如选购的是纤维更粗、皮更厚的白芦笋，需要从更靠近尖部的地方开始去皮，这样能保证纤维去得更干净、口感更好。

提示！

从尖部向根部给芦笋去皮。

3 去掉芦笋的根部。

为什么？

将芦笋坚硬的根部去掉，能使它的口感更嫩。

4 整捆芦笋放在一起，对齐尖部，切齐根部。

为什么？

尺寸一致的芦笋摆盘更好看。

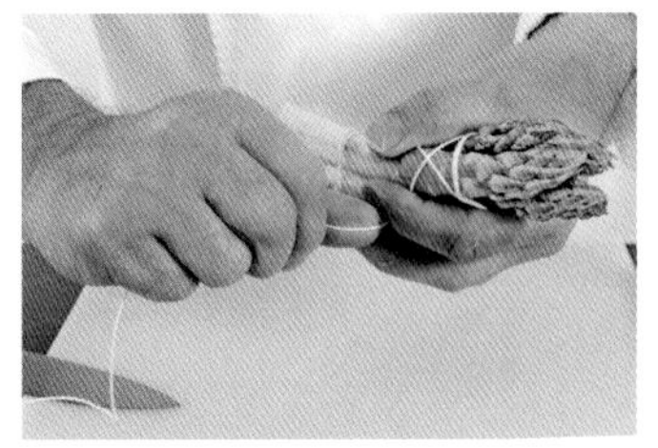

5 仔细清洗芦笋的污泥，然后用细绳捆成一捆。

烹制芦笋

6 烧一锅开水，加入适量粗盐，水沸时用漏勺将芦笋放入锅内。

提示！

根据芦笋大小确定焯水时间，10 ~ 20 分钟不等。注意如果焯得太久，芦笋的尖部会煮烂。

7 盛出芦笋，沥干水分，将芦笋放在折成贡多拉船形的餐巾（▶ 见第374页）上。

主厨建议

- 芦笋的种类很多，有白芦笋、绿芦笋和烹饪后变成绿色的紫芦笋。这些芦笋大小不一，做这道菜时，需要根据用餐人数为每人准备 4 ~ 6 根芦笋。
- 享用这道菜时还可以配以醋、荷兰酱（▶ 见第 308 页）或白色黄油。芦笋是万能的搭配食材。

小茴香腌三文鱼

LE SAUMON MARINÉ À L'ANETH

6 人份

准备时间：**10～15分钟**
腌制时间：**12小时+12小时**

工具

去鱼刺镊子

原料

三文鱼 1块

盐渍料
精盐 1千克
粗砂糖 250克
细胡椒粉 50克

腌制料
小茴香 2捆
橄榄油 少量

准备和盐渍三文鱼

1 准备盐渍料，混合精盐和粗砂糖。

2 加入细胡椒粉，搅拌均匀。

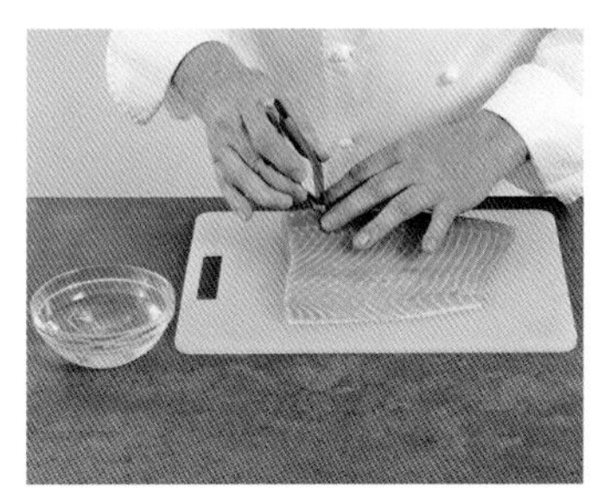

3 用去鱼刺镊子将鱼刺去掉（▶ 见第356页）。

重点

- 事先将三文鱼清洗干净并去鱼刺，操作时不要切坏鱼肉。也可在购买时让店家处理。
- 选用三四公斤的三文鱼块为佳，这个重量的三文鱼肉品质极佳，也更肥美。

4 在盘内薄薄地铺一层盐渍料。

5 将三文鱼皮朝下，放在盐渍料上。

为什么？

这样放置能让鱼皮阻止鱼肉中水分的过分流失。

6 将剩余盐渍料均匀地倒在三文鱼上，用保鲜膜封住盘子，放入冰箱冷藏12小时。

7 三文鱼从冰箱取出后，用勺子刮掉表面的盐渍料。

8 小心地刮掉鱼肉上的盐渍料并用水冲洗，去除多余水分。

制作小茴香腌三文鱼

9 择掉小茴香的叶子，切成碎末（▶ 见第345页）。

10 倒入少量橄榄油。

11 将小茴香碎平铺在三文鱼肉上。

12 将三文鱼放置在保鲜膜上。

13 用保鲜膜紧紧包住三文鱼。

14 将三文鱼放入冰箱冷藏至少12小时。

切片和摆盘

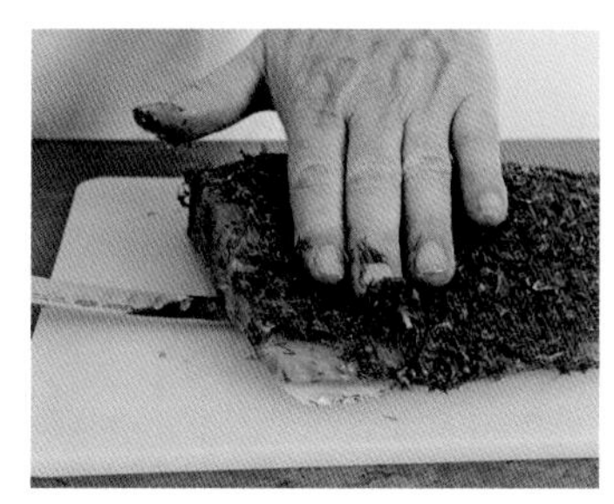

15 将三文鱼皮和鱼肉分开。

16 切片并摆盘。

提示！

为了更有嚼劲，使口感更佳，切鱼时最好纵切而不是横切。

主厨建议

- 一定要保证腌制至少 12 小时，否则腌料的香味难以浸入鱼肉，口味欠佳。腌制时间可长，不能过短。
- 如果想要三文鱼呈现更多的味道，也可以用橙皮、香料粒或咖啡粉代替小茴香。

巴黎风味龙虾

LE HOMARD À LA PARISIENNE

6 人份

准备时间：**1.5～2小时**
烹调时间：**12分钟**

工具

细绳
宽刀

原料

雌性龙虾 3只（每只重700～800克）
盐 适量
胡椒粉 适量

混合蔬菜
胡萝卜 300克
水萝卜 200克
芹菜 200克（1/4根芹菜）
四季豆或豌豆（根据季节不同）100克
香芹 适量
香菜 适量

蛋黄酱
蛋黄 30克（1个蛋黄）
芥末 10克
食用油 150毫升
柠檬汁 适量

肉汤
胡萝卜 500克（4根）
洋葱 300克
小洋葱头 200克
饮用水 2升
干白葡萄酒 1升
鱼高汤 1升
白葡萄酒醋 300毫升
香草束 1束
盐 45克
胡椒粉 适量

肉冻
澄清高汤 50毫升
明胶 30克（15片）

准备食材

1 洗刷干净龙虾，用细绳从头部捆绑到尾部。

2 胡萝卜、水萝卜去皮，与芹菜一起切成1厘米见方的丁。春季可选用新鲜豌豆，其他季节用四季豆。

注意！
胡萝卜和芹菜浸泡在水里清洗，其他蔬菜不用。

3 切香芹和香菜，留至烹饪过程的最后加入（▶ 见第345页）。

4 将胡萝卜、洋葱和小洋葱头去皮、切块。

5 准备蛋黄酱（▶ 见第306页）。

准备肉汤

6 在小锅或圆铸铁锅中加入饮用水，将胡萝卜块、洋葱块和小洋葱头块放进锅里。

7 加入干白葡萄酒、鱼高汤（▶ 见第366页）和白葡萄酒醋。

8 加入香草束（▶ 见第346页）。

9 加入盐和胡椒粉，将汤煮沸。

10 撇去浮沫，小火煮30分钟，煮沸时间不宜太长，捞出蔬菜，沥干水分。

制作龙虾和蔬菜

11 准备一口锅，盛满盐水，将芹菜丁、水萝卜丁、胡萝卜丁依次下锅。换水后煮豌豆或四季豆。根据蔬菜不同，每种煮5~7分钟。

为什么？

煮过胡萝卜的水会变橙色。为了不让其他蔬菜染色，需换一次水。

12 将煮好的豌豆或四季豆盛出，放入冰水中冷却，这样能保留住蔬菜中的绿色。捞出冰水中的豆子，放在纸巾上吸掉多余水分并恢复室温。

13 将肉汤煮沸，放入龙虾煮12分钟。

提示！

此时不要将火调小，龙虾会吸满水，使肉质更柔软。

14 盛出龙虾，解开细绳，腹部朝上放置，用刀尖戳几下，排出水分，恢复至室温。

准备肉冻

15 准备1.5升高汤来做澄清，就像做牛肉高汤一样（见第100页步骤8～11）。在这道菜中，要用白鱼肉代替牛肉。澄清高汤需要30～35分钟。

16 取一半澄清好的高汤倒入锅中，加热。

17 事先将明胶泡冷水，放入高汤中。

准备混合蔬菜

18 将混合蔬菜沥干水分后放入沙拉碗中，搅拌均匀，加入蛋黄酱。

19 加入切好的香芹末和香菜末，撒上胡椒粉。

提示！

为了更好地体现每一种食材的味道，可以加入更丰富的香草或调料，比如咖喱、鲜姜等。

切分和摆盘

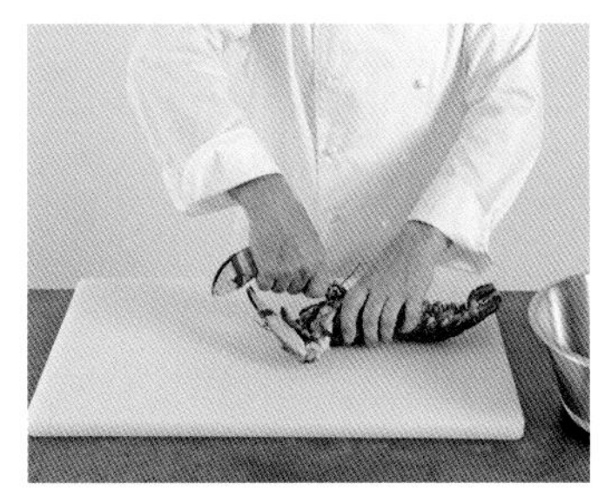

20 取出龙虾，去钳、去尾。

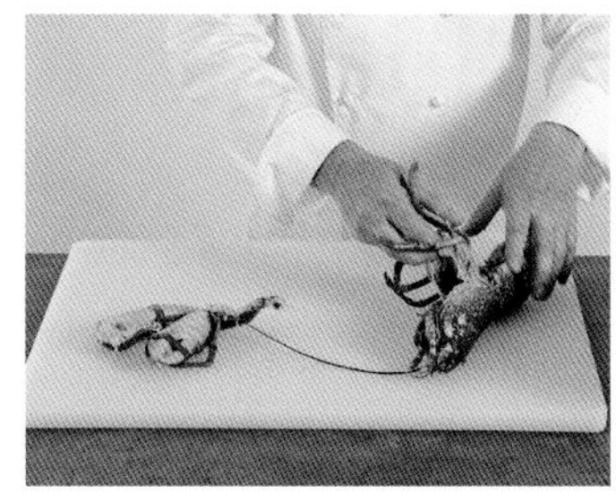

21 去掉龙虾腿。

22 去除虾鳃和内脏。

重点

- 处理龙虾的方法有多种，如不破坏龙虾的整体，从尾部去壳，保留龙虾的全貌；或将龙虾从中间劈开，将虾肉从虾壳里取出。
- 这里介绍的是从尾部整体取出龙虾肉的方法。

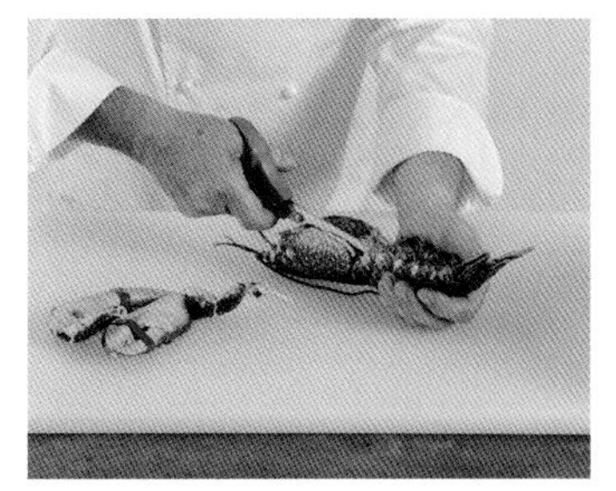

23 剪开龙虾腹部的壳。

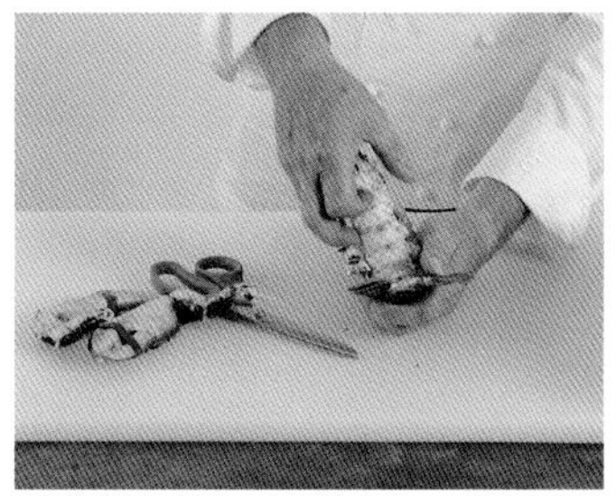

24 从龙虾尾处拽出整块龙虾肉，空壳备用。

25 将龙虾肉切圆形或大块（根据习惯选择）。

26 折断虾钳，取出软骨，用刀背拍碎硬壳，取出钳子部分的龙虾肉。

27 龙虾壳摆盘，将混合蔬菜填入龙虾壳或摆在周围。

28 将龙虾肉放在烧烤架上，淋肉冻。

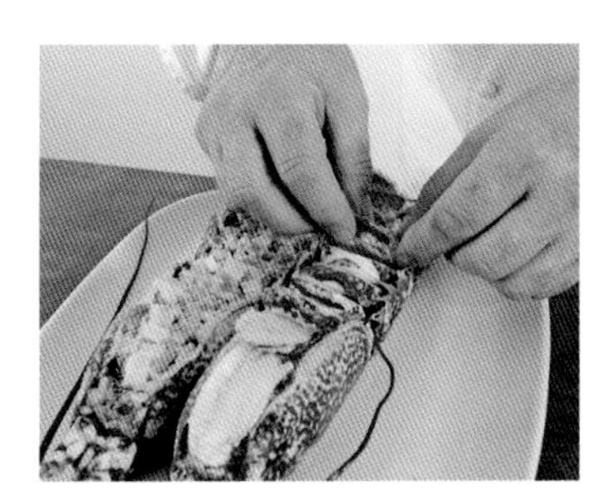

29 将混合蔬菜填满龙虾壳后，放上龙虾肉。

主厨建议

- 最好选用雌性龙虾，雌性龙虾的体形比较均匀，肉质更加细嫩。
- 雄性龙虾的龙虾钳较大，所以同样重量的龙虾，雄性龙虾的体形较小，肉较少。

炸沙丁鱼配酸甜酱

LES BEIGNETS DE SARDINES
SAUCE AIGRE-DOUCE

6 人份

准备时间：**15～35分钟**

腌制时间：**1小时**

面糊静置时间：**20分钟～1小时**

烹调时间：**5分钟**

原料

新鲜沙丁鱼 18条
罗勒叶碎 适量
橄榄油 少许
胡椒粉 适量
盐 适量

面糊

面粉 250克
面包酵母 45克
砂糖 适量
啤酒 0.25升

酸甜酱

番茄酱 5汤匙
蜂蜜 2汤匙
香脂醋 3汤匙
赫雷斯白葡萄酒醋 2汤匙
蒜瓣 1/2个
橄榄油 适量
罗勒叶碎 1把

准备沙丁鱼排

1 将沙丁鱼清洗干净，切成两半，去鱼骨。鱼皮朝下放入盘中。

2 腌制鱼排，均匀地放上罗勒叶碎、橄榄油和胡椒粉，放入冰箱腌制1小时。

提示！

不要加盐，沙丁鱼肉非常脆弱易熟，盐会使沙丁鱼排在烹饪过程中散成鱼糜。

准备面糊

3 在沙拉碗中倒入面粉，均匀地撒上面包酵母。

4 加入一小撮砂糖，倒入啤酒进行稀释，用食物搅拌器搅拌均匀。

提示！

加入砂糖可以使面糊快速上色。不要在面糊中加盐，这会影响面包酵母的发酵。

5 室温下静置20分钟，或放入冰箱静置1小时。

为什么？

温度会加速发酵，注意不要在室温下放置过久。

准备酸甜酱

6 在沙拉碗中倒入番茄酱和蜂蜜。

7 加入香脂醋和赫雷斯白葡萄酒醋。

8 将捣碎的蒜瓣倒入酱汁。

9 倒入橄榄油。

10 加入罗勒叶碎。

提示！

酸甜酱可以提前一天做好并放入冰箱保存。

炸沙丁鱼

11 在腌制的沙丁鱼排上撒盐。

12 将沙丁鱼排充分浸入面糊中。

13 热油，开大火快速油炸沙丁鱼排。

14 捞出炸好的沙丁鱼排，沥干油分，将沙丁鱼排放置在铺好吸油纸的盘子上，配常温的酸甜酱即可。

提示！

可以用蔬菜代替沙丁鱼制作炸物。

主厨建议

- 如为鸡尾酒会制作这道菜，可以将沙丁鱼切小块，更方便食用。

淡水小龙虾配酒香蛋黄羹

LES ÉCREVISSES AU SABAYON DE CHAMPAGNE

6 人份

准备及烹调时间：**40分钟～1小时**

工具

带柄圆形锅

原料

大个头淡水小龙虾 36只
橄榄油 适量
盐 少许
菠菜 600克
黄油 40克
蒜瓣 1个
胡椒粉 适量

酒香蛋黄羹

蛋黄 180克（6个）
香槟 400毫升
黄油 30克
鲜奶油 60毫升

准备小龙虾

1 刷掉小龙虾上的污泥，清洗干净并去虾线。

2 去掉小龙虾头，留下虾尾。

提示！

这道菜中，虾头去除后就没有其他用途了。如想制作其他菜肴，如南蒂阿酱，可以将虾头留用（▶ 见第71页）。

3 烧热橄榄油，将小龙虾焖制5～8分钟即可，时间不宜过长，放少许盐调味。

4 慢慢倒出小龙虾，沥干油分。

5 稍冷却后将小龙虾去壳。可先掰断外壳，按住虾尾，从壳里即可轻松抽出虾肉。虾肉放室温冷却。

准备菠菜

6 将菠菜洗净，择下叶片备用，注意不要撕坏叶片。清洗叶片并沥干水分。

7 在锅中加入2汤匙橄榄油，小火加蒜瓣翻炒，并加入黄油化开。

8 当黄油呈浅褐色时，开大火，倒入菠菜叶。

9 持续翻炒，加盐和胡椒粉调味。

提示！

需要不停翻炒菠菜。如不及时翻炒，菠菜会快速变色并轻微烧焦，整道菜会发苦。

10 炒四五分钟后出锅，沥干油分。

制作酒香蛋黄羹

11 在盆中放入蛋黄和香槟，搅拌并放少许盐和胡椒粉调味。

12 将盆放在双层蒸锅上加热，用搅拌器轻轻搅拌，直至蛋黄羹逐渐发起。

13 蛋黄羹蒸好后关火，加入切成小块的黄油及鲜奶油，搅拌均匀，备用。

摆盘

14 如果菠菜已经放凉，可以回锅热一下，小龙虾不要回锅。如果食材还有余温，此时可以将菠菜平铺在带柄圆形锅中。

为什么？

小龙虾回锅加热后肉质会变硬。即使小龙虾已经变凉，放到温热的菠菜上也能利用余温回热。

15 将6只小龙虾依次摆在一口锅中。

16 在摆盘时将小龙虾摆在锅中央。

17 将热的酒香蛋黄羹浇在小龙虾上，置于酒精炉或烧烤架上保温即可。

主厨建议

- 可以改良酒香蛋黄羹的香料，可加入藏红花或咖喱。也可以在菠菜中加入一点儿蘑菇或苹果丁。
- 如果不能饮酒，可以用小龙虾调味汁或鱼汁代替香槟。

罗勒叶扇贝酥皮饼

LES CROUSTILLANTS
DE SAINT-JACQUES AU BASILIC

6 人份

准备时间：**30分钟**
烹调时间：**5分钟**

原料

罗勒叶 1把
橄榄油 40毫升+1壶
盐 少许
薄饼 12张
现磨胡椒粉 少许
扇贝 30个

准备罗勒叶泥

1 将罗勒叶洗净，沥干水分后切碎。

2 加入40毫升橄榄油。

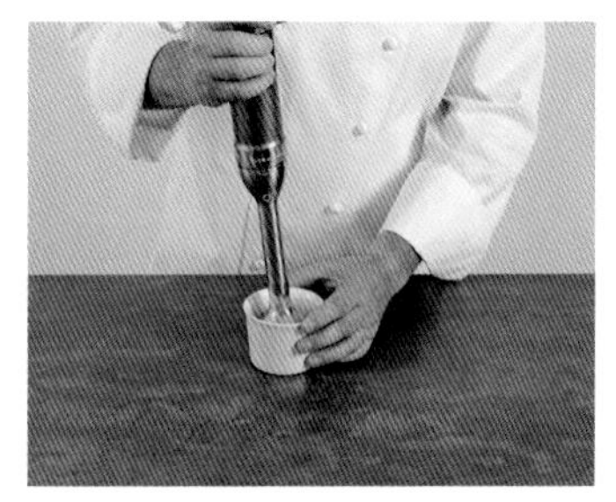
3 搅拌或捣碎罗勒叶。

4 放少许盐备用。

提示！

注意不要放太多罗勒叶，以免在烹制过程中烧焦。此步骤可以提前 24 小时准备，过早准备罗勒叶会发黑。

重点

- 准确地说，酥皮饼的准备工作从这一步才开始。扇贝作为秋季的特产，并不是在每个时节都能品尝到。
- 可以按照以下方法取出扇贝肉：打开贝壳，去除贝壳上的泥沙，仔细清洗。取出扇贝肉，放在纸巾上吸走多余水分，不要用保鲜膜密封。

卷薄饼和制作

5 取一张薄饼，涂抹罗勒叶泥。

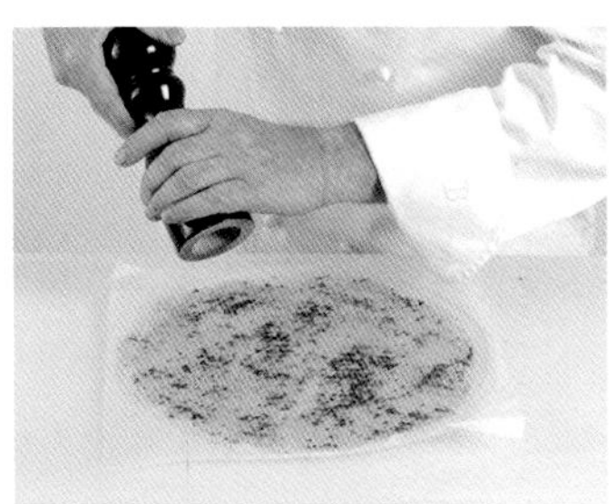

6 撒盐，磨少许胡椒粉。

7 在涂满罗勒叶泥的薄饼上再铺一张薄饼，准备放扇贝肉。

8 将5只扇贝肉依次侧立在薄饼上。

为什么?

如果放4只扇贝肉，在切饼时容易将扇贝肉从中切断。放奇数个数的扇贝肉，可以保证摆盘时能清楚地看到每一段薄饼里的肉。

9 像做大个春卷一样，用薄饼裹紧扇贝肉，紧紧地卷起。

10 将薄饼两端折叠到中间，继续像卷春卷一样卷完。

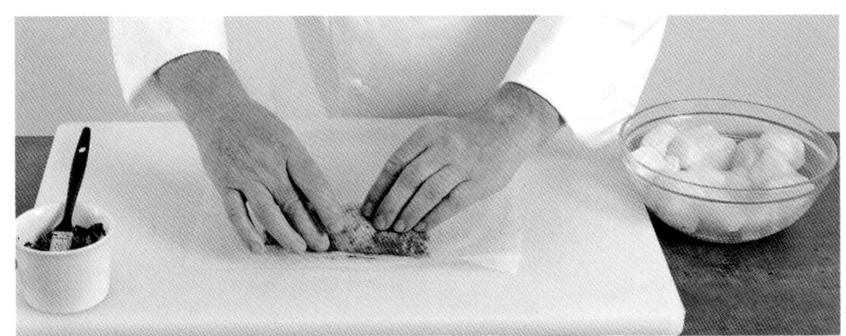

11 重复以上5个步骤，将其他的薄饼依次卷好。

提示!

卷薄饼最多提前三四个小时进行，长时间放置，薄饼就会吸水变软。

提示！

先煎卷饼接缝的部分，封住口，这样卷饼在烹制过程中就不会散开。煎制时间不宜超过 5 分钟，时间过长会导致饼皮上色过重并且颜色不均。

12 在平底锅内倒入橄榄油，将卷饼的每一面都均匀煎制。

13 卷饼的两端也要煎到。出锅的酥皮饼要脆而不焦，色泽均匀。

注意！

用热油煎制会加快烹饪过程。

14 将酥皮饼放在烤箱的烧烤架上，放进烤箱，190℃烘烤5分钟。

15 酥皮饼烤好后，切掉一块，露出扇贝肉。

16 用带锯齿的小刀或电动刀将酥皮饼从中间斜切，一分为二。食用时也可用锯齿刀。

主厨建议

- 做这道菜需要选用大个的扇贝肉。薄饼里放 5 个扇贝肉能保证切段时和烹制时的均匀。
- 如果将这道菜作为头盘，每位客人享用一半的酥皮饼即可。所以不要将酥皮饼做得太小，导致烹饪过度，或面比扇贝肉更多，口感不佳。

洋葱白酒烧贻贝

LES MOULES À LA MARINIÈRE

6 人份

准备及烹调时间：**30～50分钟**

原料

贻贝 1.8千克
小洋葱头 60克
香芹 50克
黄油 100克
干白葡萄酒 60毫升

准备贻贝

1 刮拭并清理干净贻贝表面，用水冲洗，弃掉已死的贻贝（浮于水面上的）和破碎、开口的贻贝。浸泡时间不需太长。

为什么？

浸泡时间过长，贻贝会打开，贝壳里的海水渗出会使调味汁有碘的味道。

2 小洋葱头剥皮并切碎（▶ 见第347页），清洗并切碎香芹。

制作贻贝

3 将切碎的小洋葱头和一半黄油倒入锅中加热，时间不宜过长，至洋葱还未上色，有泡沫出现即可。

4 加入干白葡萄酒和一半香芹碎。

提示！

如果想品尝到不同的味道，可以更换葡萄酒的种类。

5 加入贻贝，不用加热到沸腾。

6 开大火，翻炒五六分钟。

为什么？

不停翻炒可使贻贝受热均匀。这步时间不宜过长，贻贝开口后即可起锅。

7 将贻贝盛入有盖的大汤碗中。

8 将最上面的贻贝去壳，取出贻贝肉，分散摆开作为装饰。

9 开火加热剩余汤汁，时间不宜过长，否则汤汁会变咸。将剩余的黄油加入汤汁中。

10 用大汤匙舀出汤汁，均匀地浇在贻贝上。

提示！

也可以在贻贝中加入 1 汤匙鲜奶油和香料（如四合香料）。

11 加入剩余的香芹碎，即可食用。

里昂梭鱼肠

LES QUENELLES DE BROCHET
À LA LYONNAISE

6 人份

准备时间：**1小时45分钟～2小时15分钟**

烹调时间：**25分钟+35分钟**

工具

食物搅拌器或研磨器
塑料刮板
滤网筛

原料

梭鱼肉 净重200克

面坯

全脂牛奶 2升
黄油 200克
面粉 250克

鱼肠

盐 10克
胡椒粉 0.5克
鸡蛋 420克（6个）
肉豆蔻粉 适量

南蒂阿酱（约600克）

小龙虾 450克（或小龙虾边角料400克）
胡萝卜 1根（约45克）
洋葱（约45克）
小洋葱头（约20克）
西红柿 200克
橄榄油 适量
黄油 45克
盐 适量
白兰地 25毫升
干白葡萄酒 100毫升
鱼高汤 450毫升
番茄酱 20克
香草束 1束
埃斯佩莱特辣椒 适量
勾芡鱼酱汁 200毫升
新鲜或液体奶油 80毫升

制作面坯

1 将全脂牛奶煮沸，加入50克黄油。

2 将过筛的面粉倒入锅中，搅拌均匀，防止结块。

3 用塑料刮板边搅拌边翻炒，防止粘锅和结块。

4 静置约15分钟，收汁。

5 盛出面坯，放入容器中冷却。

重点

- 面坯一定要收汁，否则后续不可用。收汁时切忌速度过快，面坯需用小火收汁，不停翻炒，才能使汤汁和固体达到平衡。

准备鱼肠

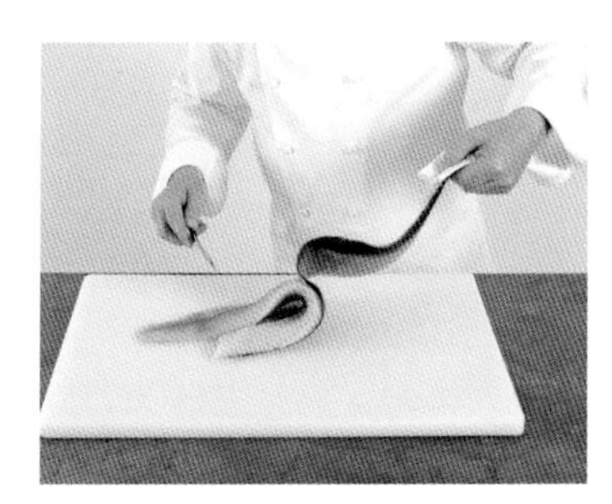

6 梭鱼去皮。

7 去鱼刺（见第356页）。

8 将梭鱼肉切成大块，放入冰箱冷藏几分钟，便于之后搅拌。

9 将冷藏后的梭鱼肉块放入搅拌机搅拌，加入盐和胡椒粉调味。

为什么？

尽快放入调料有助鱼肉收缩。

10 将鱼肉糜放入滤网筛，过滤掉小块皮肤或纤维组织。

11 将鱼肉糜盛入另一个容器，并倒入面坯。

12 搅拌均匀，然后放入鸡蛋继续搅拌。

13 加入肉豆蔻粉。

14 将剩余黄油化成膏状，加入鱼肠馅中。

为什么？

将黄油化成膏状，但不要完全化开，倒入馅料中可保持质地均匀，且不会结块。

15 适当加入盐和胡椒粉调味并在馅料升温、膨胀之前放置冰箱冷藏。

制作南蒂阿酱

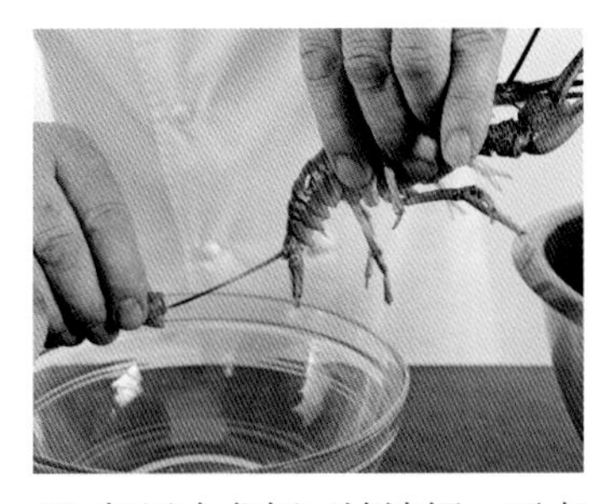

16 如果小龙虾已清洗好，可直接进入去壳等准备步骤。如果小龙虾还活着，需要刷净泥垢。

17 将小龙虾的头、尾去掉，虾尾可与酱汁搭配，制作其他菜肴。

18 胡萝卜、洋葱、小洋葱头去皮、切丁，西红柿切大块。

19 小龙虾倒入锅中翻炒，加入橄榄油和少许黄油，烹制时间不宜过久。

为什么？

翻炒时间过长会使小龙虾颜色过重，料汁发苦。

20 当小龙虾颜色变得鲜红时，加入少许盐调味。

21 加入小洋葱头丁、洋葱丁和胡萝卜丁，放盐，焖几分钟。

22 倒入白兰地（如果小龙虾带着须，则不放白兰地，料汁会产生苦味），再加入干白葡萄酒。

23 大火烹制几分钟，倒入鱼高汤（见第366页）。

24 加入西红柿块，收汁，加入香草束（▶ 见第346页），加入埃斯佩莱特辣椒。煮沸后，调小火。

25 小火继续煮20分钟。

提示！

及时调小火，不要让汤汁沸腾太久，否则会导致料汁收干。

26 盛出小龙虾，沥干。

27 用杵或擀面杖将小龙虾捣碎。

注意！

不要将小龙虾捣得太碎，以免白色汁水混入料汁。

28 将捣碎的小龙虾倒回锅中。

29 将沥出的汁水倒在小龙虾上，继续加热15分钟。

30 用力挤压小龙虾，充分挤出汤汁。

31 将压出的汤汁倒入一口干净的带柄圆锅中，加入勾芡鱼酱汁，小火熬煮。

32 加入奶油，继续小火熬煮，再加入剩下的黄油。

制作梭鱼肠

33 用2个勺子舀出鱼肉糜，并制成合适的形状。

34 锅内倒入大量水，煮沸并加盐，将鱼肉糜放入水中并不时翻动，煮15分钟后盛出，搭配南蒂阿酱食用。

提示!

煮熟的鱼肠如没有食用完，可以将其放在冰水中冷却，盛出保存。

主厨建议

- 做这道菜最重要的是要紧跟步骤，操作每个步骤的时间可以错开，但是只有按照顺序进行，才会更有效率。
- 这道菜中鱼肠馅的做法可以应用于所有类似的肉肠制作，比如用其他肉质更紧实的鱼、家禽肉、牛肉来代替梭鱼。
- 制作鱼肠时，需要挑选那些在水里欢腾游动的鱼，肉质更为紧实。选择好鱼之后，不要刮洗鱼肉，那会让鱼肉吸入过多的水分，轻轻擦拭其表面即可。
- 建议将鱼肠蘸南蒂阿酱食用。也可用别的方式烹制，如将面包屑或干酪丝撒在上面烘烤，蘸白葡萄酒酱汁也可。

红酒酱水波蛋

LES ŒUFS MEURETTE

6 人份

准备及烹调时间：**30～50分钟**

原料

小洋葱头 24个
烟熏猪胸肉 250克
香芹 1/2捆
切片软面包 6片
大小均等的口蘑 250克
牛肉高汤 400毫升
水 适量
黄油 适量
鸡蛋 840克（12个）
盐 适量
胡椒粉 适量
食用油 适量

红酒酱汁
小洋葱头 1个
勃艮第红酒 750毫升
百里香 1枝
月桂叶 1/2片
无盐黄油 20克

准备食材

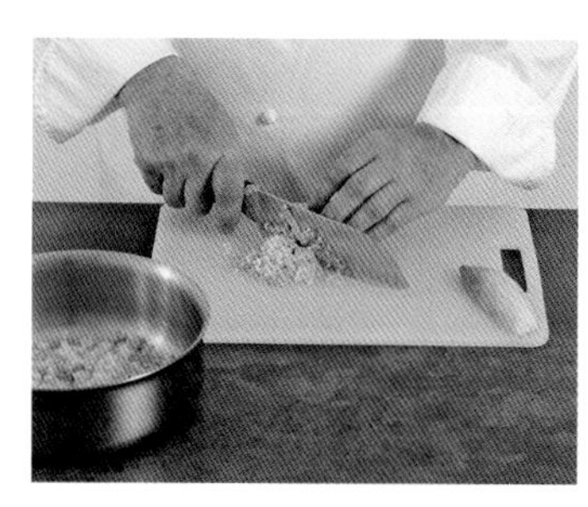

1 小洋葱头去皮、切碎（▶ 见第347页）。

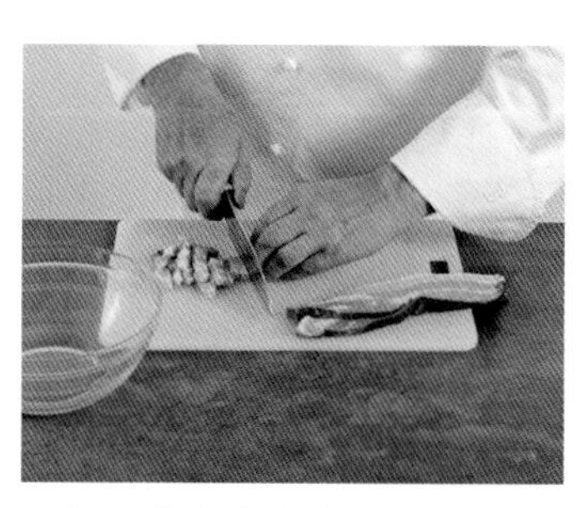

2 烟熏猪胸肉去皮，切成3片，然后切成丁。

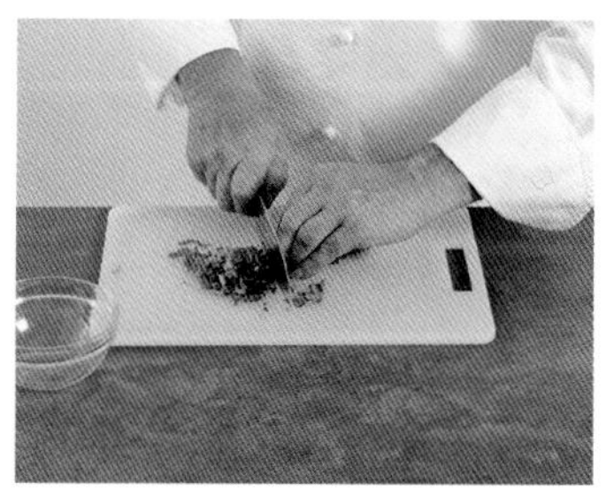

3 将香芹洗净，切碎但不要切成末（▶ 见第345页）。

4 切掉面包的硬边，用模具切出12个大小相同的面包圆片，用来作底座。

5 将剩余的面包切丁。

提示！

也可以选用黑麦面包，蘸蒜粉轻微上色后再切丁。

6 口蘑洗净、去梗。

7 将猪肉丁倒入平底锅中翻炒几分钟。

8 不要洗掉锅里的油脂，放入口蘑和小洋葱头碎翻炒四五分钟，炒出水即可。

9 倒入少许牛肉高汤和水，使口蘑和小洋葱头碎上色。

10 盖上锅盖，不要让锅里的汤汁蒸发。

11 将面包丁倒入另一口锅中，加入黄油，煎至上色，待面包丁吸足油脂后出锅。

准备红酒酱汁和水波蛋

12 在带柄锅中倒入勃艮第红酒。

13 加入切碎的小洋葱头、百里香和月桂叶。

14 煮沸并用喷枪火燎后可以减少酱汁的酒精含量。

15 取空碗，打入1个鸡蛋。

16 将鸡蛋放入红酒酱汁中煮3分钟，注意不要把蛋清和蛋黄煮散。

注意！

不要在酱汁中加盐，盐会使蛋黄和蛋清迅速分离。

17 鸡蛋煮好后盛出，放入铺好厨房用纸的盘中，室温放置。随后将其他鸡蛋按照以上步骤依次煮好。

18 煮完的鸡蛋应为半凝固状态，既没有全熟，也不能散开。继续煮红酒酱汁，加入牛肉高汤。

19 加盐和胡椒粉调味。

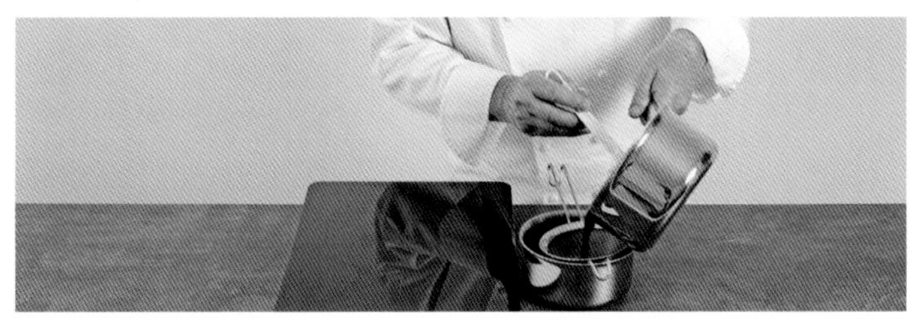

20 用力挤压小洋葱头碎，滤出汤汁。

为什么？

小洋葱头吸水性很好，需要用力挤压，过滤出无杂质的汤汁。

21 在红酒酱汁中加入滤出的口蘑和小洋葱头汁。

22 继续小火熬煮红酒酱汁，在快起锅时加入无盐黄油。

23 在平底锅中放入食用油和黄油，煎制切好的面包圆片。

24 面包片煎好后放入盘中，两两叠成一组，每组面包片上放1个水波蛋，淋上红酒酱汁，摆口蘑和小洋葱头碎装饰。

25 淋上厚厚的一层红酒酱汁。

26 最后撒香芹末。根据客人的数量确定这道菜中所需的水波蛋数量即可。

主厨建议

- 这道红酒酱水波蛋来自勃艮第地区，勃艮第红酒是整道菜的关键。也可以适当改变配料或红酒，比如将勃艮第红酒换成白葡萄甜烧酒，依然美味。
- 趁热将水波蛋放在面包片上，热酱汁能让水波蛋保持半凝固状态，而不会全熟。

蛋黄酱煮鸡蛋

LES ŒUFS MIMOSA

6 人份

准备及烹调时间：**30分钟**

工具

滤网筛
橡胶刮板
裱花袋

原料

鸡蛋 9个

蛋黄酱
芥末 20克
柠檬 1/2个
葡萄子油 500毫升
蛋黄 2个+煮鸡蛋 9个
芳香植物（如小葱或其他）适量
盐 适量
胡椒粉 适量

煮鸡蛋

1 将鸡蛋整个放入锅中，加水。

2 将鸡蛋煮10分钟。

3 鸡蛋煮熟后盛出，放入冰水中冷却，随后取出沥干。

4 将煮熟的鸡蛋剥皮。

提示！

最好在流动的冷水下剥蛋壳。

准备蛋黄酱

5 在沙拉碗中倒入芥末、挤出的柠檬汁、2个蛋黄和葡萄子油（▶ 见第306页），搅拌均匀。

6 将煮好的鸡蛋全部切成两半。

7 用勺子将蛋黄取出，注意不要挖破蛋白。

8 将蛋黄放在滤网筛上，用橡胶刮板按压并过滤。

9 切碎芳香植物（▶ 见第345页）。

10 将过滤后的蛋黄、蛋黄酱和芳香植物碎混合。

11 撒盐和胡椒粉调味。

12 搅拌均匀。

13 用橡胶刮板盛出蛋黄酱，放入裱花袋中。

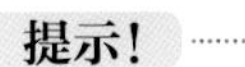

提示！

将蛋黄酱压实，才能挤出紧实的花纹。

14 将蛋黄酱挤在蛋白中，随后适当装饰即可。

主厨建议

- 也可以适当发挥想象，改良这道菜谱，比如在蛋黄酱里加入一些三文鱼丁、松露末、海胆酱、刺山柑花蕾和黑橄榄制成的普罗旺斯调味酱，藏红花或咖喱，不同的食材会给这道菜肴带来更丰富的味觉体验。
- 也可用齿状板给蛋黄酱塑形。
- 如需在鸡尾酒会上制作这道菜，可以选用鹌鹑蛋。

鲜奶油炖蛋

LES ŒUFS COCOTTE À LA CRÈME FRAÎCHE

6 人份

准备时间：**15分钟**
烹调时间：**10分钟**

工具

大个炖锅
小烤盘

原料

黄油 40克
盐 适量
胡椒粉 适量
鲜奶油 350毫升
鸡蛋 840克（12个）

准备炖蛋

1 准备6个小烤盘，在烤盘内壁及底部涂抹黄油，撒入盐和胡椒粉。

2 每个烤盘中放入1咖啡匙鲜奶油。

提示！

为了提鲜，可以在鲜奶油中加入嫩煎蘑菇丁、松露或香料。

制作奶油和炖蛋

3 在大个炖锅中将剩余的鲜奶油大火收汁。

为什么？

准备一口大个炖锅，能防止奶油煮沸时溢出。

4 加入盐和胡椒粉，室温保存。

5 依次将鸡蛋打入小碗中。

为什么?

不直接将鸡蛋打入小烤盘的原因是，一旦有不能用的鸡蛋，可以立刻从小碗里盛出，不用重新准备。

6 每个小烤盘中放入2个鸡蛋。

7 在烤盘上铺一层烘焙纸，再放入小烤盘。

8 将开水倒入烤盘，至一半高即可。

为什么?

只有加入开水才能制作成功这道菜；烘焙纸能防止滚烫的开水漫过小烤盘。

9 将烤盘放入烤箱，温度设定为150～160℃。也可将小烤盘放在炒锅里，用大火烘烤。烘烤完成后，将小烤盘取出，盖上盖子保温。

注意!

烘烤时要注意温度，如果烤箱温度太高，蛋黄颜色会发暗且口感变差。

16 将过滤后的汤再倒入锅中，开火，加入鲜奶油。

17 可加入少许盐调味，汤煮开后与大块的菜花一起食用。

提示！

这道菜花浓汤可搭配薯角食用。

主厨建议

- 这道菜的经典做法是用土豆烹制。我选择用菜花，是因为煮过菜花的水中会留有香味，使这道浓汤的味道更独特。
- 这个菜谱可以帮助了解基本的浓汤特点，色泽清淡、加入奶油、适当勾芡。掌握这些后，也可以展开想象，加入其他蔬菜，制作其他浓汤，如克雷西胡萝卜浓汤、弗勒讷斯蔬菜浓汤、阿让特伊浓汤、扁豆猪肉浓汤、圣日耳曼绿时蔬浓汤。

蔬菜清炖牛肉汤

LE CONSOMMÉ
DE BŒUF AUX BILLES DE LÉGUMES

12 人份

准备和烹调时间：**2～2.5小时**

工具

牛尾勺
温度计

原料

芹菜 1把（约600克）
胡萝卜 6根
水萝卜 2个
小西葫芦 2根
蘑菇 2个
西红柿 2个
大葱 1根
瘦牛肉糜 400克
蛋清 240克（6个）
罐装牛肉高汤 4升
盐 适量
胡椒粉 适量

准备蔬菜粒

1 将芹菜、胡萝卜和水萝卜洗净、削皮。

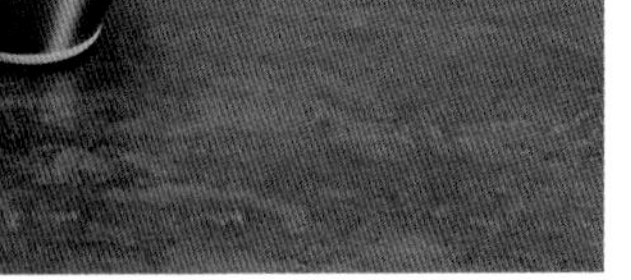

提示！

可将削下来的皮留做他用。

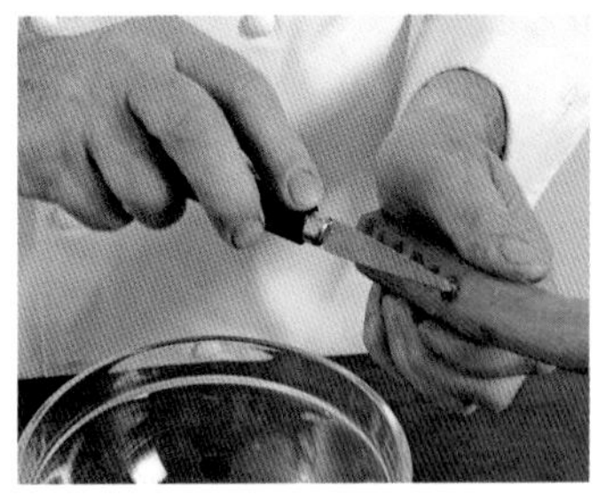

2 用牛尾勺在胡萝卜上挖粒。

3 用同样方法在水萝卜和芹菜上挖粒。这两种蔬菜都较厚，可以挖完一层削掉一层，其余的只需重复动作即可。

4 为了使小西葫芦粒保留着绿色，可以不用削皮，直接挖粒。

5 将胡萝卜、蘑菇、西红柿和大葱切碎。

6 准备一口足够大的圆铁锅，将切碎的蔬菜（胡萝卜、蘑菇、西红柿、大葱）和瘦牛肉糜一起倒入锅中。

为什么？

瘦牛肉糜可以使汤更美味，凝固的血水也可以附着在漂浮的油脂上。

7 加入蛋清。

制作并澄清高汤

8 倒入牛肉高汤。

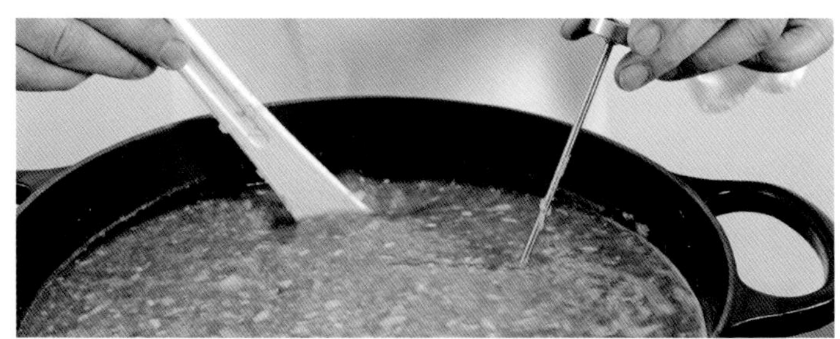

9 小火加热，不停搅动以防粘锅，直至汤煮沸，再使汤降温至70～80℃。

提示！

倒入 4 升牛肉高汤可以做出 3 升蔬菜牛肉清汤。

10 继续小火熬煮至轻微冒泡即可。在牛肉糜和蛋清的作用下，汤的表面会形成一层漂浮的油脂。用大汤匙将表面的油脂撇掉，澄清牛肉高汤。

提示！

烹制高汤时不需将肉糜和蔬菜用力搅拌，以防浮油散开，不好撇除。

11 煮1.5小时后关火，澄清牛肉高汤。准备一个罐子，罐口蒙层细纱布，将牛肉高汤盛出并过滤，注意过滤时不要盛浮油和底料。滤出的清汤需颜色清亮。

制作蔬菜粒

12 锅中放盐水，煮沸后将小西葫芦粒先倒入煮2分钟，盛出后立即放入冰水中冷却。

13 将水萝卜粒用同样方法煮4分钟，盛出后放入盛有小西葫芦粒的冰水中。

14 盛出小西葫芦粒和水萝卜粒，避免它们吸收过多水分。

15 将滤出的清汤煮沸，放入胡萝卜粒和芹菜粒煮10分钟，盛出并沥干水分。

16 将蔬菜粒盛入盘中，加入煮沸的清汤，根据个人口味适当加盐和胡椒粉调味，即可食用。

爱丽舍酥皮松露汤

LA SOUPE AUX TRUFFES ÉLYSÉE

6 人份

准备时间：**20～30分钟**
静置时间：**20分钟+10分钟**
烹调时间：**18分钟**

工具

松露切片器
狮头碗

原料

小胡萝卜 2根
芹菜 1/2段
蘑菇 4个
洋葱 2个
黄油 50克
盐 适量
胡椒粉 适量
肥肝 300克
诺利帕特苦艾酒 6汤匙
松露 6个（每个40～50克）
鸡汤 1.5升
面粉 适量
酥皮面饼 适量
鸡蛋 70克（1个鸡蛋）

准备食材

1 将小胡萝卜、芹菜、蘑菇和洋葱切粒（▶ 见第351页）。

2 锅里放黄油，倒入蔬菜粒翻炒，加盐和胡椒粉调味。

提示！

需要盖上锅盖，但是不要使菜上色。

3 将肥肝的油脂去掉，切丁。

4 提前将狮头碗冷藏，将蔬菜丁平均盛进每只碗里（每碗放2汤匙）。

5 每只碗里放1汤匙诺利帕特苦艾酒。

6 将松露用切片器切成薄片，放进碗里。

7 将肥肝丁放进碗里。

8 将一半鸡汤平均倒进每只碗里，放进冰箱冷藏至少20分钟。

准备酥皮

9 在操作台上撒一层面粉，将酥皮面饼放在操作台上。

10 将酥皮面饼擀薄。

11 在擀薄的酥皮面饼上用刀切出直径略大于碗的圆形面饼（比碗直径长2厘米），这样便于覆盖住碗口。

12 用刷子沾水，涂抹在圆形酥皮面饼上。

13 将酥皮面饼覆盖住碗口，重新将汤碗放回冰箱冷藏至少10分钟，低温可以防止酥皮面饼塌陷。

注意！

放汤碗时不要让其与别的物体接触，否则会弄湿酥皮面饼。

制作酥皮松露汤

14 鸡蛋打散。

15 将鸡蛋液涂抹在酥皮面饼表面。

16 入烤箱220℃烘烤18分钟。

主厨建议

- 碗里不要放入太多食材，以免液体在烘烤过程中沸腾，溢出。
- 烘烤过程中，碗里的蒸气会将酥皮面饼顶成一个气球形，面饼表面的颜色会变金黄。这是检验菜肴是否完成的 2 个标志。
- 这道菜由保罗 · 博古斯首创，于 1975 年 2 月 25 日在爱丽舍宫制作并享用（时任法国总统瓦莱里 · 吉斯卡尔 · 德斯坦在授予博古斯荣誉勋位骑士勋章的午宴上，邀请他品尝这道菜），很难有其他的汤能与之媲美。

海鲜

盐烤狼鲈酿时蔬

LE BAR FARCI EN CROÛTE DE SEL

6 人份

准备时间：**40 ~ 50分钟**
烹调时间：**25分钟**
静置时间：**10分钟**

工具

去鱼刺镊子
鳎鱼片刀（也可用其他刀具代替）
烤叉

原料

狼鲈 1条（约2千克）
盐 适量
胡椒粉 适量
黄油 适量

馅料
茴香 6棵
芹菜 2根
洋葱 2个
水萝卜 2个
香芹 4 ~ 5根
希腊黑橄榄 100克
橄榄油 适量

盐烤配料
精盐 3千克
普罗旺斯香料 50克
蛋清 3个

准备狼鲈

1 将狼鲈放在砧板上，剪掉两侧鱼鳍，去掉鱼鳃，从头部掏空所有内脏。

2 沿着主刺上方，从鱼头向鱼尾方向切开鱼腹，切到鱼尾较高点。尽量不要切掉鱼肉。

3 换另一面，按照上一步的方法剥离另一边的鱼肉和主刺。

4 剪掉主刺，注意不要剪掉鱼头和鱼尾。

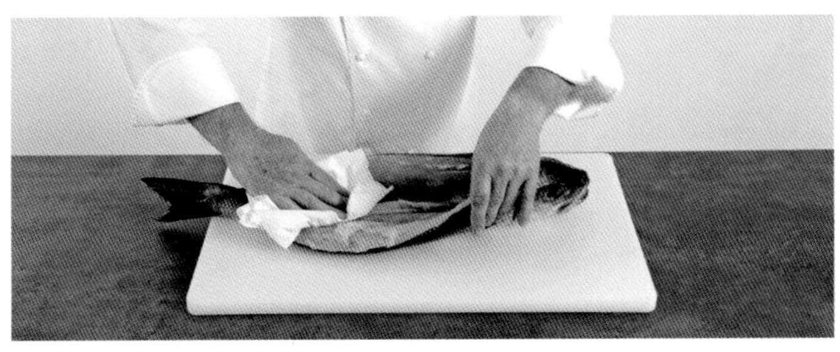

5 仔细清洗狼鲈，用厨房用纸或软布吸干鱼肉中的血水和多余的水分。

注意！
处理狼鲈时，一定不要刮去鱼鳞，鱼鳞能保留住鱼肉中的汁液。

准备馅料

6 将茴香、芹菜、洋葱、水萝卜和香芹择洗干净。将茴香切成薄片，去心。

7 芹菜叶切末。

8 水萝卜和洋葱切薄片。

9 香芹切末（▶ 见第345页）。

10 将去核的希腊黑橄榄切小粒。

11 用橄榄油小火翻炒茴香片、水萝卜片和洋葱片，加盐和胡椒粉调味。

12 盖上锅盖。

13 倒入黑橄榄碎、芹菜叶末和香芹末。

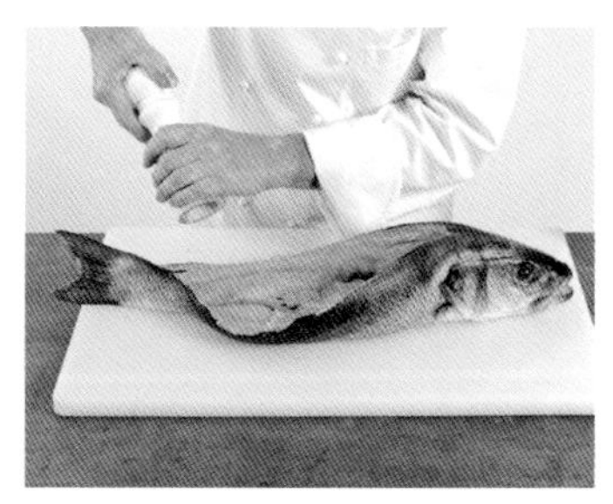

14 待馅料冷却后，在狼鲈上撒盐和胡椒粉。

15 将馅料填入鱼腹。

提示!

鱼肉需低温保鲜储藏和烹制，所以馅料需冷却后才能塞进鱼腹。生鱼肉遇热升温会滋生细菌。

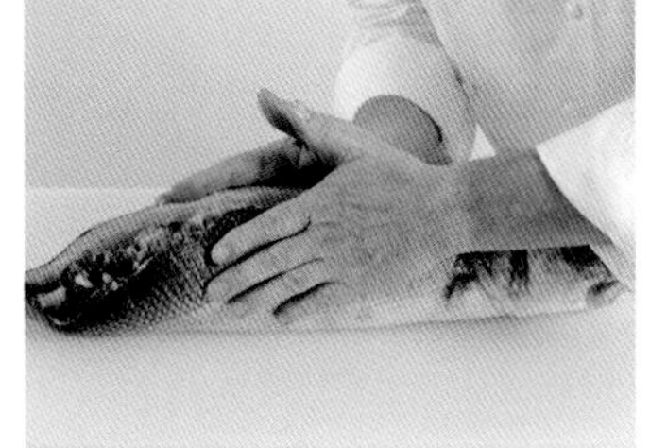

16 塞满馅料后，将鱼腹合拢。随后冷藏，准备其他步骤。

重点

- 不要忘记给狼鲈加盐和胡椒粉。由于最后需要用精盐包裹狼鲈烤制，很多人认为可以省略给鱼肉撒盐和胡椒粉这一步骤了，这绝对不行。精盐包裹狼鲈仅仅是为了密封住烘烤时产生的蒸气，并不能去除鱼腥。

准备盐烤配料

17 在大沙拉碗中倒入精盐，加入普罗旺斯香料和蛋清。

18 随后倒入凉水。

提示!

加蛋清和水时要一点一点缓缓倒入，避免过度稀释。

制作狼鲈

19 在烘焙纸上涂抹黄油，按照狼鲈的长度将搅拌好的精盐均匀地涂抹在烘焙纸上。

20 将狼鲈放在盐层上，鱼腹和鱼头向内。

为什么？

在制作鱼时要时刻遵循这个放置规则。

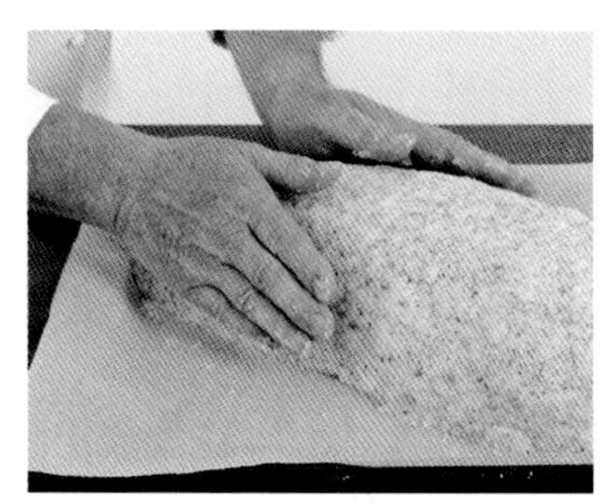

21 将整条鱼用盐层密封住。

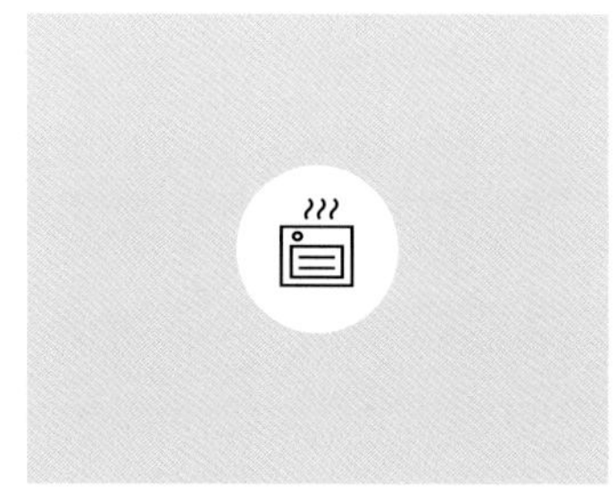

22 烤箱预热，210℃烤制25分钟后取出，静置10分钟。

23 打开盐层。

24 沿着鱼尾向鱼头的方向去掉鱼皮，用烤叉将鱼皮卷起来。

摆盘

10 将小烤盘取出，擦拭干净外壁及边沿的水。

11 将收汁后的鲜奶油倒入小烤盘中，注意倒奶油时绕着蛋黄边倒，不要覆盖住蛋黄。盖烤盘盖，并尽快食用。

主厨建议

- 一定要购买质量过关的鲜奶油。
- 这道菜还有无数烹制方法，可尽情发挥想象力，在配料上寻求更多可能。
- 也可以用一个大烤盘一起制作 12 个鸡蛋。

香煎蛋卷

L'OMELETTE ROULÉE AUX HERBES

6 人份

准备时间：**10～15分钟**

烹调时间：**10分钟**

原料

新鲜芳香植物（根据个人口味选择，如小香芹、细香葱、龙蒿、罗勒等）

鸡蛋 1千克（15个）

全脂牛奶 60毫升

盐 适量

胡椒粉 适量

橄榄油 少许

生黄油 适量

准备芳香植物

1 根据喜好选择新鲜的芳香植物，洗净并切碎。

2 放入冰箱冷藏保鲜。

注意！

芳香植物切碎后会急速枯萎，要放入冰箱保鲜。

准备煎蛋卷

3 准备一个大沙拉碗，打入鸡蛋。

提示！

一定要选择质量上乘的鸡蛋。

重点

- 打鸡蛋时注意不要把碎蛋壳打进碗里，建议先把鸡蛋打在小碗中，确保没有混入碎蛋壳后，再倒入大沙拉碗。这样即使有碎蛋壳，也能迅速拣出。即使打入了 1 个坏鸡蛋，也可以立即扔掉，而不用浪费整盆鸡蛋。

4 倒入牛奶，用力搅拌。

5 加入盐和胡椒粉调味。

6 放入切碎的芳香植物。

制作蛋卷

7 在不粘锅中倒入橄榄油和生黄油。

为什么?

因为加入橄榄油能防止黄油升温后煳锅。

8 当黄油起泡后，倒入鸡蛋液。

9 用铲子摊平，鸡蛋液煎至凝固。

10 不要关火，将蛋饼卷成蛋卷。

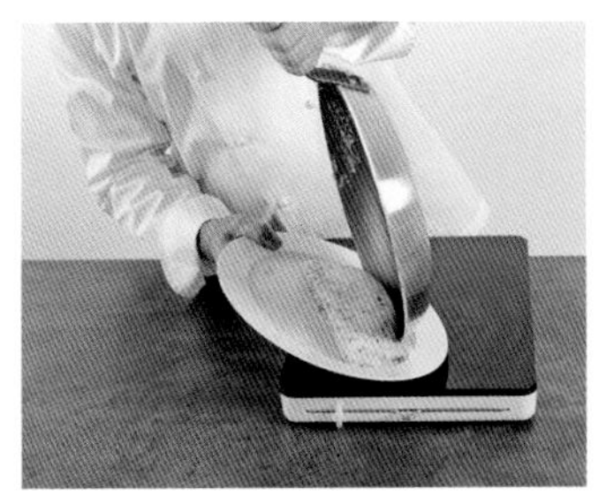

11 出锅后尽快食用。

主厨建议

- 可以提前搅拌好蛋液，放入冰箱，准备制作时再加入芳香植物，蛋卷煎好后口味不会过重。加入少许牛奶可以使煎蛋卷的口感更清爽。

- 新鲜芳香植物的口感是任何市场上切好售卖的香料所无法比拟的。作为一名厨师，一定要在厨房的某处角落规划一片种植香料的区域。即使是在城市里，也要利用窗外的空间种植一些香料。

- 如果无法将煎蛋饼卷好，可以用擀面杖擀一擀，修整形状。

- 在传统做法中，煎蛋卷一般不用上色。但在现代烹饪中，可根据个人喜好决定上色与否。我个人更偏爱颜色清淡的煎蛋卷。

乡村蔬菜汤

LE POTAGE CULTIVATEUR

6 人份

准备和烹调时间：**35～55分钟**

工具

手动捣泥机

原料

熏猪胸肉（不带皮）200克
胡萝卜 4根
水萝卜 2个
葱白 1段
芹菜 1/2根
中等个头土豆 3个
洋葱 1个
黄油 40克
盐 适量
胡椒粉 适量
澄清高汤 2升

准备食材

1 将熏猪胸肉切成肉丁。

2 将猪肉丁焯水，注意水里不要加任何调料。

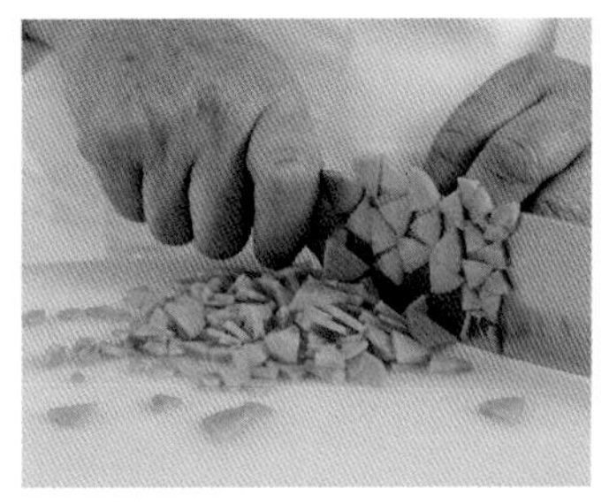

3 蔬菜削皮，胡萝卜、水萝卜、葱白和芹菜切三角形块（▶ 见第352页）。

4 土豆切小丁（▶ 见第350页），放入凉水中备用。

5 洋葱切碎（▶ 见第347页）。

重点

- 很多人做这道菜时会加入豆角，但这并不是传统的经典做法。制作任何类型的蔬菜汤都需要熬相当长的时间，并且反复回锅，而豆角不适宜反复加热。
- 如果仍想在蔬菜汤中加入豆角，建议将豆角切小丁，出锅前再加入。

制作乡村蔬菜汤

6 准备炖锅或有柄平底锅，放黄油和焯过水的猪肉丁翻炒，肉不要上色。

7 加入洋葱碎和葱白，加盐和胡椒粉调味后盖上锅盖。

提示！

要不时揭开盖子观察，不要让蔬菜和肉上色。

8 加入胡萝卜块和芹菜块。

9 再放胡椒粉调味。

为什么？

烹饪过程中胡椒粉的香味会挥发，如果不再次加入，整道菜会没有味道。

10 锅中的菜都炒熟后，再加入水萝卜块。

11 加澄清高汤或水。

摆盘

12 10分钟后，加入沥干水分的土豆丁。

13 再煮15分钟，尝一尝汤的味道，如果不用再加调料或水，即可趁热食用。

提示!

可以搭配瑞士产格鲁耶尔干酪丝和吐司面包食用。

都巴利菜花浓汤

LE VELOUTÉ DUBARRY

6 人份

准备和烹调时间：**45分钟～1小时**

工具

搅拌器

原料

菜花 1个
粗盐 少许
面粉 40克
黄油 80克
葱白 3段
黄油 适量
盐 适量
鲜奶油 100毫升

准备菜花

1 去掉菜花根部及周围的叶子，洗净后将整个菜花放进大小合适的锅里，加入凉水。

2 加少许粗盐，开大火，将水煮沸。

3 根据菜花大小，煮5～8分钟。

4 捞出菜花，将煮过菜花的水留1.5升左右备用。

5 将菜花顶端的花球部分切开，其中一部分切成汤匙大小的块。

6 另一部分切碎。

7 将面粉和黄油混合，小火炒制（▶ 见第344页）。

8 将炒好的面粉黄油倒入煮过菜花的水中。

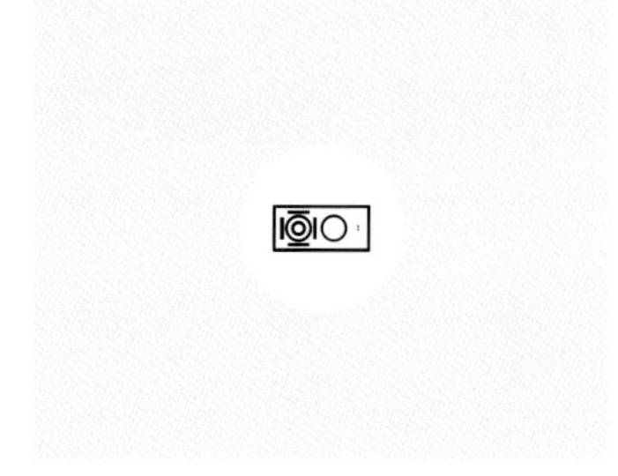

9 小火煮15分钟，注意不要让汤溢出。

重点

▶ 注意向水中放面粉黄油时，两者的温度不能一样，即热水、凉面粉黄油，或凉水、热面粉黄油。要注意食材之间的冷热关系，冷热温差可以避免面粉黄油结块。

10 将葱白洗净、切小段。放入有柄平底锅或炖锅中，加黄油和盐，炒出水分即可，不要让葱白上色，否则会影响汤的色泽。

11 将炒好的葱白倒入盛有面粉黄油汤的锅里。

12 加入切碎的菜花。

13 煮10～15分钟。

14 不关火，用搅拌器搅拌。

15 用斗笠状过滤器过滤煮好的汤。

主厨建议

- 狼鲈或狼鱼因生长在不同海域而名称不同，狼鲈生长在拉芒什海峡，狼鱼生长在地中海。建议烹制这道菜时选取野生狼鲈，因为它的肉质更紧实，味道也比人工养殖的狼鲈更鲜美。

- 这道菜肴也有很多其他做法，比如选用其他的馅料或者用其他的鱼类，如用剑鱼代替狼鲈。但是烹制过程也会由此产生变化。

- 食用这道菜肴可以佐以荷兰酱（▶ 见第 308 页）或白酱（▶ 见第 318 页）。

- 如果在自助餐上供应这道菜，为了减轻烹饪量，可以冷食，佐以西红柿橄榄汁或酸醋汁。

香槟炖大菱鲆

LE TURBOT ENTIER BRAISÉ AU VIN DE CHAMPAGNE

6 人份

准备时间：**30分钟**
烹调时间：**30～40分钟**

原料

大菱鲆 1条（约2.8千克）
柠檬汁 几滴

酱汁
小洋葱头 50克
黄油 50克
鱼高汤 50毫升
香槟 40毫升
盐 适量
液体奶油 100毫升

准备大菱鲆

1 将大菱鲆所有的鱼鳍用剪刀剪下。

2 将鱼尾剪下。

3 将鳃剪下，取出内脏。

4 查看是否已处理干净。

提示！

大菱鲆整条烹制，味道格外鲜美。如果食用人数较少或烤箱不够大，可以将大菱鲆切块或切半。尽可能选择鱼肉肥厚的大菱鲆。

制作大菱鲆

5 小洋葱头去皮后切碎（▶ 见第347页）。

6 准备大小合适的敞口烤盘，将黄油切小块，涂抹在烤盘底部。

7 将小洋葱头碎撒在烤盘底部。

8 倒1/5的鱼高汤（▶ 见第366页）。

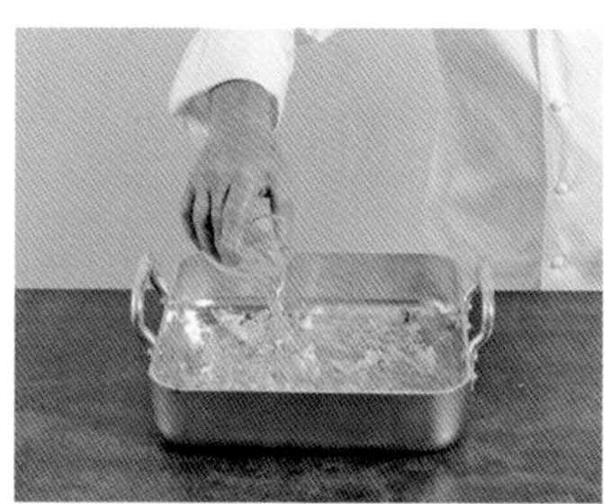

9 加入1/3的香槟。

10 放入大菱鲆。

11 撒盐。

12 放入烤箱，180℃烘烤（最好提前预热烤箱，大菱鲆受热不均会导致上色不均匀）。

13 烤制几分钟，当有水蒸气冒出后，将烤盘取出，盖上锅盖或覆盖一层铝箔纸，留一个小口，放回烤箱继续烘烤。

提示！

注意如果覆盖铝箔纸，铝箔纸不要碰到鱼肉，必要的话可以先覆盖一层锡纸，再加盖铝箔纸。

重点

- 在制作过程中，烤盘需要一直保持湿润，即分次加入香槟，而不是一次倒完。这是烹调时加汁水的方法，这样能保持大菱鲆鱼肉湿润且汁水充足。
- 香槟用完后，也可加入适量的水。炖鱼的基本原则和做这道菜的过程中要盖上盖子，并且快速少量加水。

收汁和摆盘

14 将烤好的大菱鲆放在盘中，盖上盖子防止冷却。

15 将烤盘里剩余的汁液倒入锅中。

16 将剩余的鱼高汤倒入锅中，开火，收汁到剩一半即可。

17 加入液体奶油，继续熬煮，直到汤汁变成糖浆状。

18 出锅前加入几滴柠檬汁。

主厨建议

- 通过这道菜可以基本了解文火炖鱼的方法，接下来可自由发挥，比如选取其他种类的鱼替代大菱鲆，用其他芳香材料如橄榄或水果代替香槟。
- 时刻牢记炖鱼时要盖上锅盖并且快速、少量、多次加水，不要煮沸而是一直用文火，这种烹调方式最佳，能烹调出鲜美、醇香、口感不干的鱼肉。

比目鱼酿蘑菇

LA SOLE SOUFFLÉE AUX CHAMPIGNONS

6 人份

准备时间：**40分钟~1小时**
烹调时间：**约10分钟**

原料

比目鱼 6条（约600克）
盐 适量
胡椒粉 适量
黄油 50克
小洋葱头 50克
白葡萄酒 250毫升

蘑菇糜
巴黎口蘑 1千克
小洋葱头 250克
蒜瓣 1个
芹菜 1/2捆
食用油 适量
黄油 50克
盐 适量
胡椒粉 适量

酱汁
比目鱼汤 100毫升
鱼高汤 50毫升
奶油 30毫升
黄油 100克
盐 适量
胡椒粉 适量
柠檬 1个

制作蘑菇糜

1 将口蘑洗净、沥干水分，剁碎。

2 将小洋葱头和蒜瓣去皮，小洋葱头切碎（▶ 见第347页），蒜瓣切末。

3 将芹菜切碎（▶ 见第345页）。

4 锅中放几滴食用油和黄油，倒入小洋葱头碎和蒜末翻炒均匀。

5 将蘑菇碎倒入锅里，加少许盐，盖上锅盖。

6 当蘑菇少量出水后，打开锅盖，一边轻轻晃锅，一边继续翻炒。

7 当蘑菇糜炒熟后，倒入芹菜碎。

8 如有必要，可再加一次盐和胡椒粉，关火后室温静置。

准备比目鱼

9 将比目鱼的鱼皮撕掉。

10 去掉鱼边缘的须和鳍等。

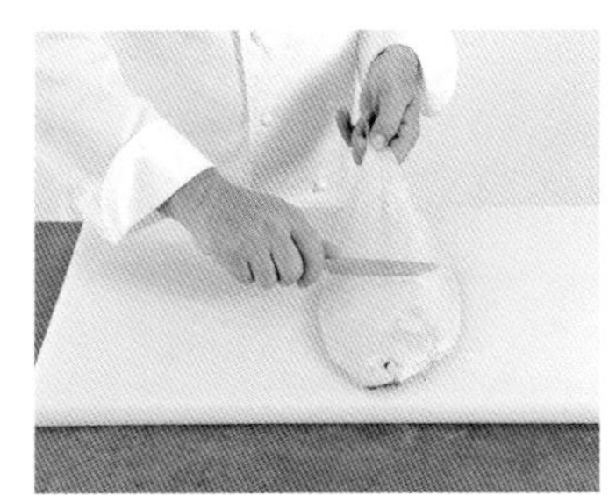

11 刮掉白色的膜。

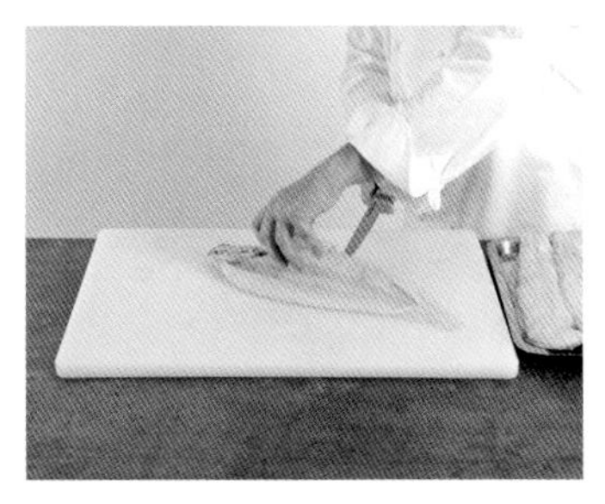

12 划开鱼腹，取出鱼刺，保留鱼头和鱼尾。

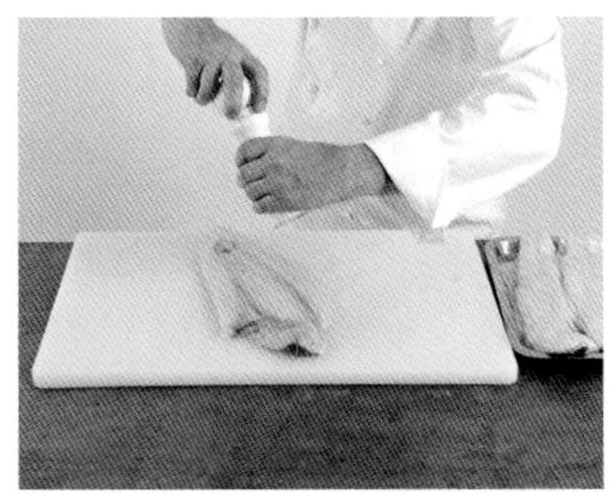

13 将所有比目鱼都处理好后，将切开的鱼腹打开，撒入盐和胡椒粉。

14 将蘑菇糜填充在鱼腹里，合起鱼腹。

制作比目鱼

15 在尺寸合适、边缘较宽的烤盘上涂抹黄油，放切碎的小洋葱头和白葡萄酒。

16 将比目鱼白色面朝上，头尾相对放在烤盘里。

17 撒盐。

18 将烤盘放入烤箱，180℃烘烤几分钟，待有水蒸气冒出后，给烤盘盖上盖子，可以留有小口，也可用铝箔纸做盖子。

提示！

注意不要让铝箔纸接触比目鱼，如果比目鱼太高，碰到铝箔纸，可以在铝箔纸和鱼肉之间放一层烘焙纸。

重点

▶ 烹调过程中需要让食物时刻保持湿润，可以逐次加白葡萄酒，但是不要加太多。

▶ 需要经常给鱼肉上淋白葡萄酒，但在烘烤时也要及时清理烤盘边缘的汁液，可以用刷子刷掉。

制作酱汁和摆盘

19 烘烤结束后将鱼取出，放到烤架上。

20 用锡纸盖住，防止鱼变凉。

21 将烤盘里剩余的比目鱼汤倒进锅里。

22 再倒入鱼高汤（▶ 见第366页），煮沸，收汁至一半量即可。

23 加入奶油，再煮几分钟。

24 最后，像做白酱那样（▶ 见第318页）放入打发黄油，撒盐和胡椒粉调味，上桌食用前挤几滴柠檬汁。

主厨建议

▪ 为丰富菜肴的口感，可在比目鱼里加其他配料，如杂烩菜或茴香酱。

▪ 也可以搭配鲜面皮（▶ 见第 268 页）或蒸苹果食用。

三文鱼馅饼

LE COULIBIAC DE SAUMON

6 人份

准备时间：**20～30分钟**

静置时间：**2小时**

烹调时间：**45分钟**

工具

去鱼刺镊子

原料

三文鱼排 1块
小洋葱头 2个
巴黎蘑菇 500克
香芹 1捆
鸡蛋 6个
食用油 1勺
黄油 50克
盐 适量
胡椒粉 适量
酥皮面饼 500克
杂烩饭 250克

准备食材

1 准备三文鱼排（▶ 见第354页），去鱼刺（▶ 见第356页）。

注意！

一定要清理干净三文鱼排，并将鱼刺剔除。最好选择三四千克重的三文鱼，这个重量的鱼肉不会太肥。

2 将三文鱼表面的肥膘部分去掉。

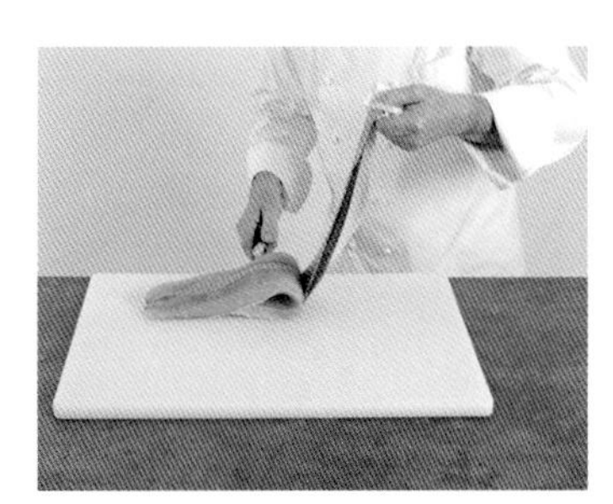

3 去除鱼皮。

4 将三文鱼斜切成每片2厘米左右厚的鱼片。

5 小洋葱头切碎（▶ 见第347页）。

6 将蘑菇清洗干净、去皮、切薄片。

蘑菇去皮、切碎后就不要再接触水了。

7 将香芹洗净并吸干水分，然后切碎（见第345页）。

准备馅料

8 将鸡蛋煮熟，晾凉后剥去鸡蛋壳。

9 准备平底长柄锅，加热后倒油，放入黄油化开。

10 当黄油变成深褐色后，将三文鱼片下锅，两面煎制，撒盐和胡椒粉调味。煎好后盛出。

11 不需清理锅中的油脂，直接将小洋葱头碎倒入锅中翻炒。

12 小洋葱头碎轻微上色后，倒入蘑菇片。

13 蔬菜炒出水后，加入香芹碎。

14 蔬菜在锅中继续翻炒几分钟。

提示！

千万不要因为馅饼中的蔬菜呈绿色，就误用菠菜代替香芹混入其中。

15 制作馅料时可以将三文鱼放入5℃左右的冰箱降温。

制作馅饼

16 在砧板上将酥皮面饼擀出两个长方形薄面饼，一个略大于另一个，方便之后制作馅饼时能包起来。

17 在烤盘上铺烘焙纸，将稍小的面饼铺上去。

18 在面饼四周预留出2厘米的边距，将杂烩饭平铺在面饼上（见第272页）。

19 再依次交替铺上三文鱼片和切片的煮鸡蛋。

20 盖上炒好的馅料。

21 最后再盖一层杂烩饭。

重点

▶ 馅饼虽然由很多层构成，铺馅料时一定要讲究顺序，米饭总是在最外层，因为米可以保持热度并且吸收烹制过程中三文鱼和蔬菜产生的汤汁。

22 面饼边缘涂上水。

23 在上面覆盖另一张稍大的面饼。

24 2张面饼粘好后，把多余的边缘切掉。

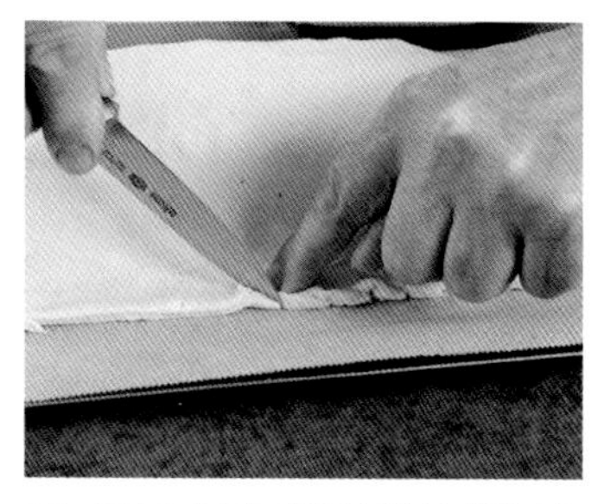

25 用手或用刀把馅饼边缘切出花纹。

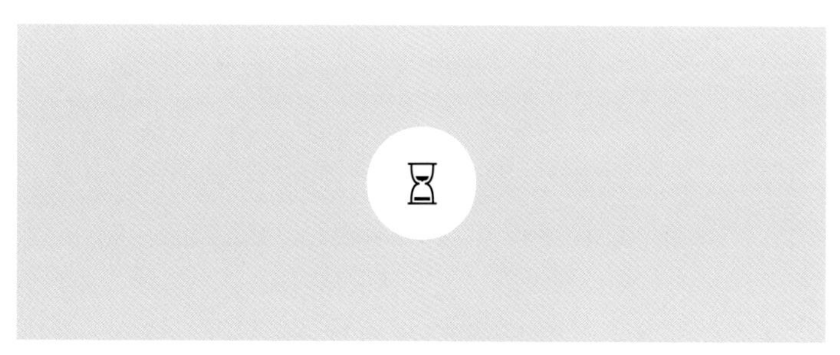

26 烤制前先放冰箱冷藏2小时。

为什么？

将馅饼冷却再烤制，形态会比较舒展，口感更佳。

27 馅饼放进烤箱烘烤前，先在表面涂一层蛋黄，用刀划出若干个10厘米见方的方格，用锡纸卷戳透气孔。可以适当对表面进行装饰。

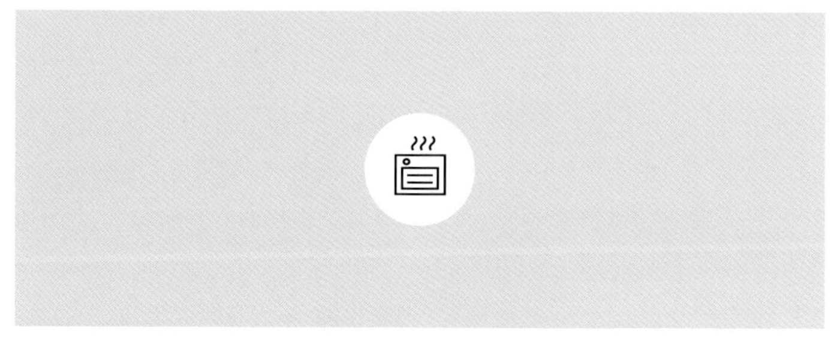

28 预热烤箱和烤盘，将馅饼放在烤盘上，入烤箱220℃烘烤45分钟。

为什么？

将馅饼放在已经预热的烤盘上，有助于馅饼一入烤箱就开始受热，底部能尽快烤熟。

主厨建议

- 三文鱼馅饼是一道单独的菜肴，如果当作热菜，可以搭配白酱(▶ 见第 318 页)或荷兰酱(▶ 见第 308 页)一同食用。这道菜还可以当作冷餐食用。

- 馅饼烘烤完应取出放在烤架上，不要直接放在操作砧板上。静置几分钟后，降至室温才算完成最后的工序。

- 传统俄式三文鱼馅饼的做法中，往往用制作松甜面包的面饼或做鲟鱼骨髓的面饼。鲟鱼的骨髓富含胶原蛋白，但在法国这种做法极其罕见。可以忽略这个做法，使用由黄油带来惊艳口感的千层酥皮面饼。

普罗旺斯风味火鱼

LE ROUGET FARCI À LA PROVENÇALE

6 人份

准备时间：**1～1.5小时**
烹调时间：**9分钟**

工具

铁扦（长短随意）

原料

火鱼 6条（每条约300克）
橄榄油 适量

馅料
蒜瓣 2瓣
红洋葱 1个
红甜椒 1个
黄甜椒 1个
小西葫芦 1个
小茄子 1个
西红柿 4个
尼斯黑橄榄 12个
橄榄油 适量
盐 适量
埃斯佩莱特辣椒 适量
胡椒粉 适量
百里香叶 适量
罗勒叶 12片
鱼肉糜（火鱼、比目鱼、黄鱼）100克
鲜奶油 100毫升
茴香酒 50毫升

酱汁
橄榄油 适量
火鱼鱼骨 适量
蒜瓣 1瓣
小洋葱头 1个
百里香 1枝
西红柿 1个+西红柿皮和浆 4个的量
茴香酒 50毫升
水 适量
盐 适量
胡椒粉 适量

准备火鱼

1 刮去火鱼鱼鳞。

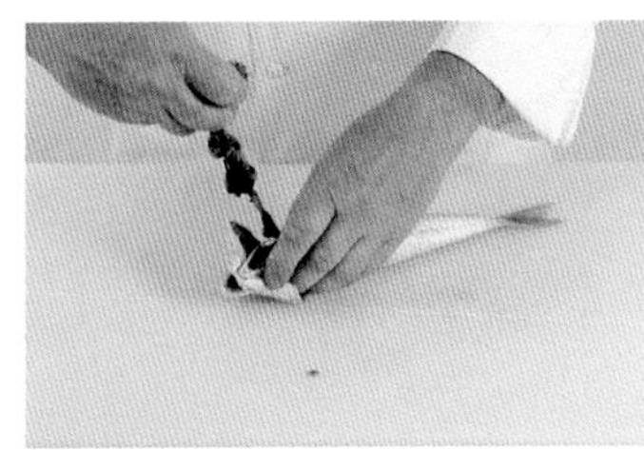

2 从鱼鳃中取出内脏，用水快速清洗。

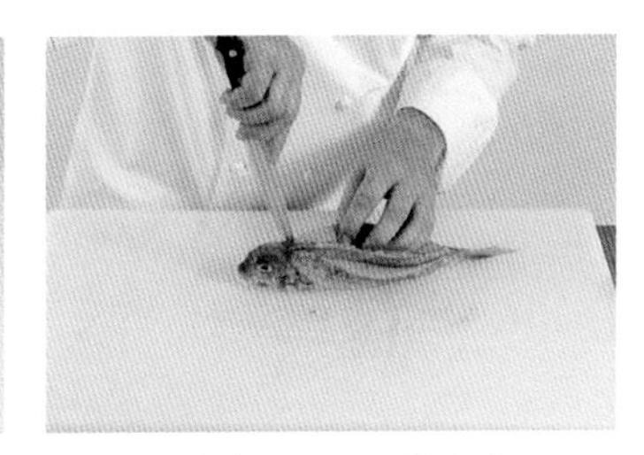

3 在鱼背部而不是腹部切开，取出鱼骨，留下鱼头和鱼尾。2条鱼的鱼骨留下制作酱汁。

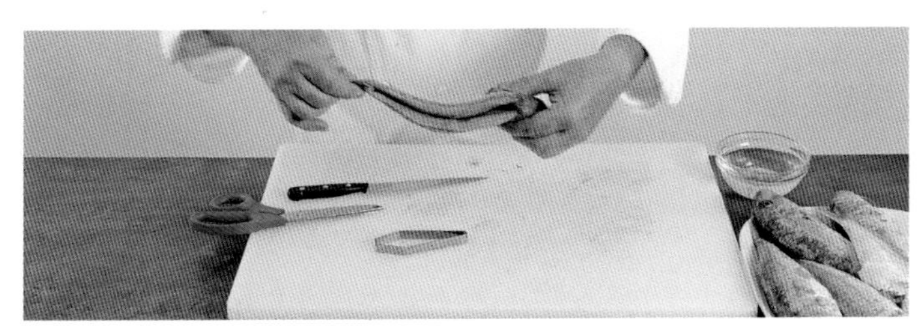

4 火鱼去骨并清理干净后，放入冰箱冷藏保存。

提示！

可以借助铁扦从鱼鳃中掏出内脏。不要把火鱼泡在水中太久。

准备馅料

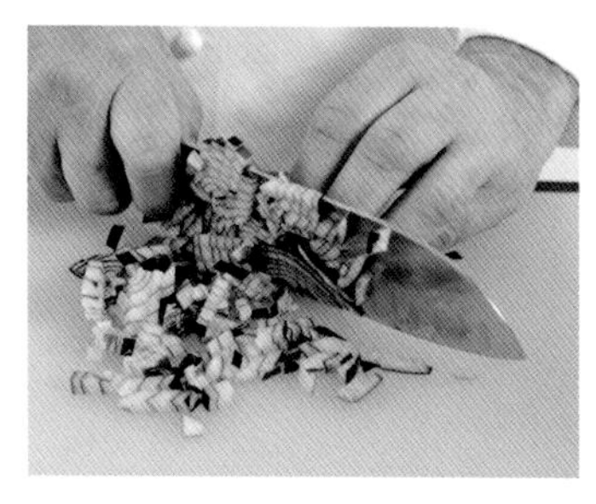

5 蒜瓣去皮、去芽、切碎，红洋葱去皮、切碎（▶ 见第347页）。

6 红、黄甜椒去梗、切成两半、去子，随后切丁（▶ 见第350页）。

7 小西葫芦和小茄子洗净，切掉顶端部分。分别将这两种蔬菜切丁。

8 西红柿去皮（▶ 见第349页），切成1厘米见方的丁。西红柿皮和果浆留下制作酱汁。

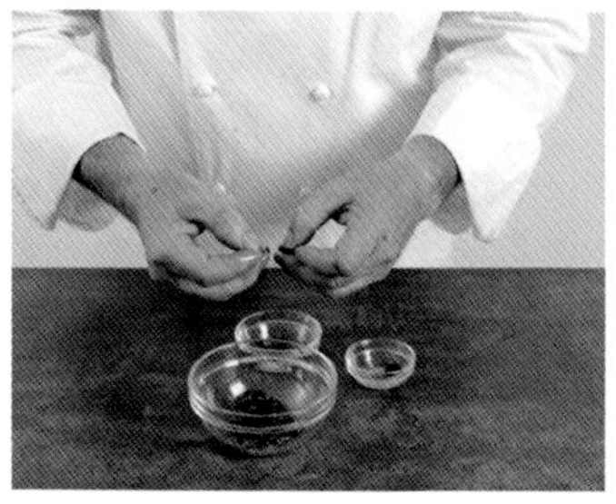

9 黑橄榄去核、切大块。

10 在一口长柄平底锅或炖锅中倒少许橄榄油，倒入红洋葱碎和蒜末翻炒。

11 加盐和埃斯佩莱特辣椒调味。

12 倒入甜椒丁继续翻炒，再加盐和胡椒粉调味。

13 倒入茄子丁、百里香叶和西红柿丁，小火加热5分钟。

14 盖上锅盖，继续焖制15～20分钟，保持温度在190℃。如果还没熟，可以延长烹调时间。

提示！

蔬菜炒熟后，应该不再有水或汤汁。

15 蔬菜炒熟后，静置恢复室温。

16 锅中加水煮沸，倒入西葫芦丁，煮3分钟。

17 西葫芦丁盛出后沥水，放入盛有冰水的碗中降温。

18 将晾凉的西葫芦丁倒入放凉的炒蔬菜中，加入黑橄榄块、切成末的罗勒叶，搅拌均匀。

19 将鱼肉糜倒入搅拌器中，加少许盐和胡椒粉。

20 倒入鲜奶油，充分搅拌。

提示！

如果鱼肉糜已经清洗得非常干净，则不用过滤。如果肉糜中还含有其他杂质，需要在细滤网中再过滤一遍。

21 鱼肉糜搅拌均匀后，将其倒入炒蔬菜中。

22 加入茴香酒，如果有需要的话，再加一次盐和胡椒粉。

制作和摆盘

23 准备酱汁。锅中倒入橄榄油，将火鱼鱼骨放入锅中，加入切碎的蒜和小洋葱头，翻炒至轻微上色。

24 加入百里香、西红柿皮和浆，倒少许水，最后放切块的西红柿。

25 将茴香酒倒入锅中，没过鱼骨。

26 加热15分钟。

27 将酱汁倒出并过滤，加盐和胡椒粉调味。

28 倒回锅中继续煮10分钟收汁，酱汁呈黏稠糊状即可。

29 将火鱼腹部朝下、背部朝上放在砧板上，用厨房用纸吸干水分。撒盐和辣椒调味。

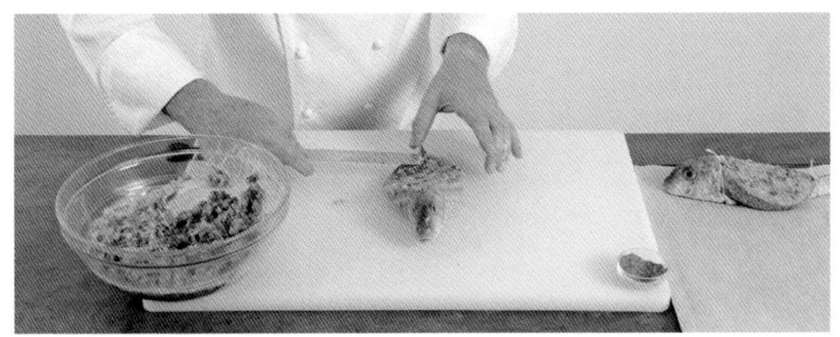

30 将炒蔬菜和鱼肉糜混合物填入鱼腹中，填满后用抹刀抹平。

提示！

为了方便抹平，不让混合物粘在刀面上，抹刀使用前可以在凉水中浸泡一下。

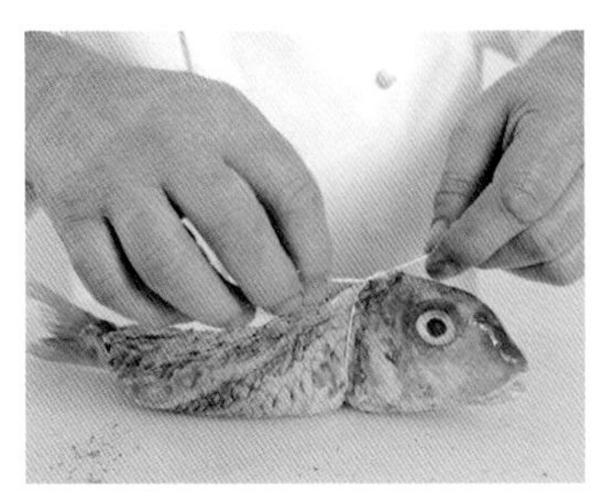

31 填完馅料后可以用细绳在鱼头和鱼尾处分别系一个结，防止烘烤时鱼腹敞开。

32 烤盘上铺一层烘焙纸，将火鱼放在烤盘上，淋橄榄油。

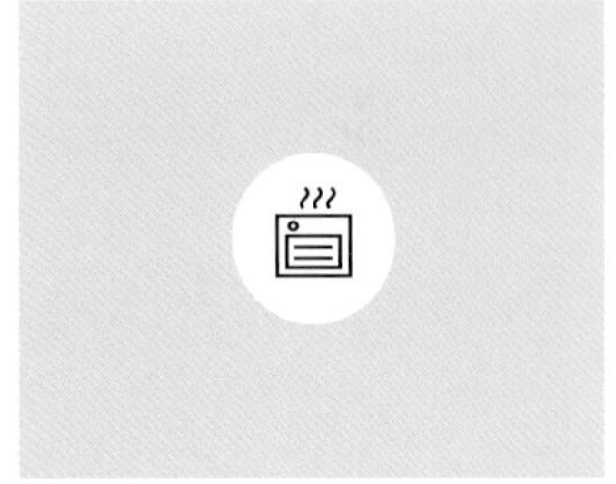

33 烤箱190℃预热后，放入火鱼烘烤9分钟。完成后搭配酱汁食用。

主厨建议

- 如果选用大个火鱼、红蝎子鱼或黄鱼，需要用烧或炖的方法（▶ 见第 112 页），而不是烤的方法烹调。
- 还可以搭配橄榄油土豆调味汁或土耳其烤菜（▶ 见第 282 页）。

普罗旺斯鱼汤

LA BOUILLABAISSE

6 人份

准备和烹调时间：**约2小时**
腌制时间：**至少3小时**

原料

鱼肉（蝎子鱼、火鱼、海鳗鱼、海鲂等）2千克
橄榄油 适量
藏红花蕊 适量
盐 适量
胡椒粉 适量

鱼汤
蒜瓣 5个
洋葱 2个
大葱 2根
西红柿 6个
罗勒叶 1/2捆
橙子 2个
橄榄油 适量
小岩鱼或梭子蟹 2.5千克
茴香酒 200毫升
藏红花蕊 适量
百里香 适量
月桂叶 适量

腌制鱼肉

1 将鱼清洗干净，去掉鱼鳍。

2 切掉鱼尾，用刀刮掉鱼鳞。

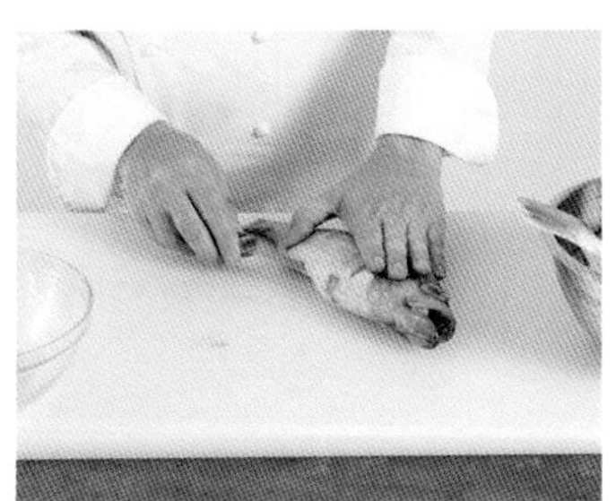

3 将内脏掏空。

4 将橄榄油涂抹在鱼身上，并撒些藏红花蕊。

5 将鱼肉放置于冰箱冷藏，腌制至少3小时。

提示！

烹调时一般用整鱼，如果鱼太大，可以切掉鱼头、去掉鱼骨，煮汤时仍可使用。

准备鱼汤

6 将蒜瓣切末，洋葱切丝（▶ 见第347页）。

7 将大葱洗干净，切成葱段。

8 去掉西红柿的梗，切块。

9 将罗勒叶切末（▶ 见第345页）。

10 橙子剥皮，取四分之一橙皮，将上面的白色纤维去掉，这些白色纤维会带来苦味。

11 在长柄平底锅中倒入橄榄油，将洋葱丝和葱段倒入锅中，翻炒至轻微上色。

12 在炖锅中倒入橄榄油，将小岩鱼或梭子蟹和之前切下的鱼头和鱼骨倒入锅中，加盐和胡椒粉调味。

13 倒入茴香酒。

14 将炒好的洋葱丝和葱段倒入炖锅中，加入蒜末。

15 放入西红柿块、藏红花蕊、百里香、月桂叶和罗勒叶末。

16 加水没过锅中的食材。

17 挤入橙汁，放橙子皮。

重点

- 如果加入新鲜橙子的橙皮，一定要确保橙皮内没有白色纤维。
- 如果怕味道过酸，可以前一晚准备橙子皮，使其适当干燥，酸味就会减轻。

18 加盐和胡椒粉调味，熬煮30分钟。

19 煮好后用滤网过滤汤汁。

20 再用斗笠状过滤器过滤一遍，不要将汤汁和汤里的食材混合，否则汤会变成白色。

制作鱼肉和摆盘

21 盛出一些鱼汤，将鱼切成合适锅大小的尺寸，放入鱼汤中煮熟。

提示！

可以根据需要放入蛤蜊或贻贝。

22 将鱼和鱼汤一同盛入盘中，盖上盖子。过滤好的鱼汤单独盛放在另外的汤碗中。

主厨建议

- 普罗旺斯鱼汤的菜谱有很多版本。这个名字取自“所有的鱼都在锅底”的法语谐音。
- 想做出更丰富的口味，呈现出更细腻的口感，要在放鱼之前先把汤做好。
- 现在的普罗旺斯鱼汤一般会用鱼、贻贝、梭子蟹、鱿鱼，但是最初的做法只用小岩鱼和湖鱼。
- 也可以在鱼汤中加入土豆一起煮，或搭配蒜泥蛋黄酱或蒜蓉面包一起食用。

爱丽舍风味扇贝

LES SAINT-JACQUES ÉLYSÉE

6 人份

准备时间：**15分钟**
静置时间：**12小时**
烹调时间：**6分钟**

工具

松露切片器

原料

松露 3个（每个约25克）
圣雅克扇贝肉 18个
黄油 25克
橄榄油 适量
盐 适量
胡椒粉 适量

准备扇贝

1 用松露切片器将松露切成薄片。

2 将每个扇贝肉切开一个口，但不要完全打开。可以从扇贝肉最肥厚、最平的地方切口。

提示！

开口要足够大，可以放进松露薄片。

重点

- 取扇贝肉：打开扇贝壳，去裙边，清洗干净。将扇贝肉取出，放置在滤网上沥干水分，不要用保鲜膜包起来。也可以直接买扇贝肉成品。
- 做这道菜时，需要选择个头较大的扇贝肉，每位用餐人享用 3 个。如果扇贝肉较小的话，为每位用餐人准备 4 个。

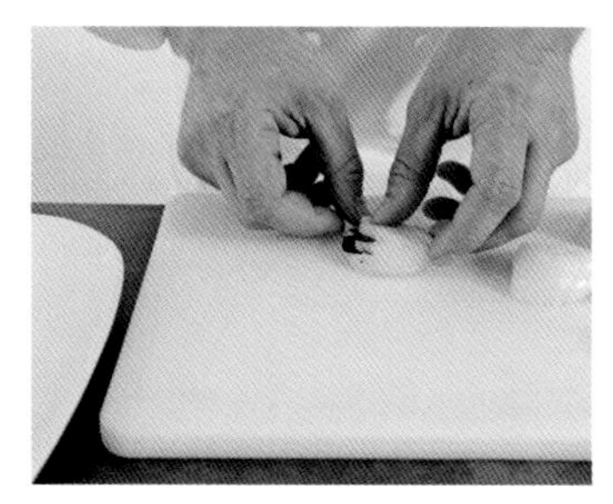

3 像给千层饼夹馅料那样，给每个扇贝肉中间夹进2片松露片。

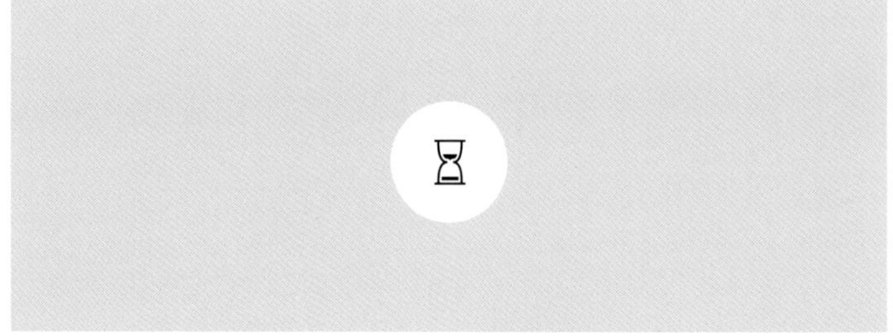

4 最好冷藏存放12小时。

提示！

准备工作可以提前完成，夹进的松露片会使扇贝肉充满香气。

制作扇贝

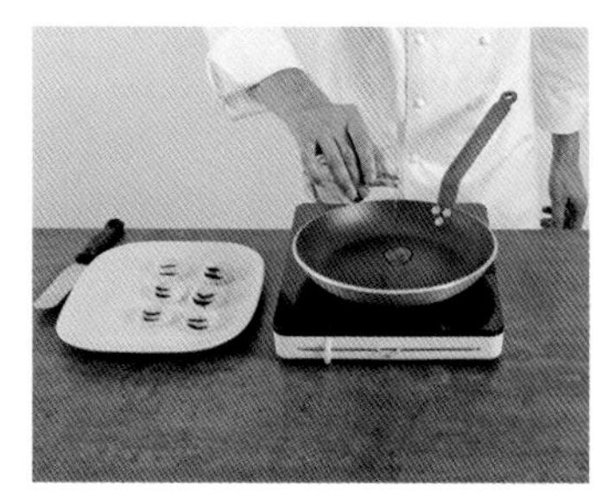

5 煎锅中倒入橄榄油，放入少许黄油。

6 将扇贝肉放入煎锅，撒盐，每面煎3分钟至上色。

7 扇贝装盘，撒胡椒粉调味，即可食用。

主厨建议

- 可搭配白酱（▶ 见第 318 页）食用，也可配松露薄片，或将白香醋倒入煎过扇贝肉的锅里烹调出酱汁。
- 注意不要将扇贝肉回锅，否则扇贝肉会变得干涩而难以咀嚼。如果一次烹调了太多扇贝肉，可以在第二天搭配醋和沙拉冷食。

家禽

烤鸡

LE POULET RÔTI

4 人份

准备时间：**20～30分钟**
烹调时间：**45～60分钟**

工具

细绳
扎家禽翅膀和爪的针

原料

土鸡 1只（1.2～1.4千克）
洋葱 1个
小洋葱头 1个
蒜瓣 3个
食用油 适量
鸭油脂 50克
月桂叶 1/2片
百里香枝 若干
盐或盖朗德海盐 适量
胡椒粉 适量

加工整鸡

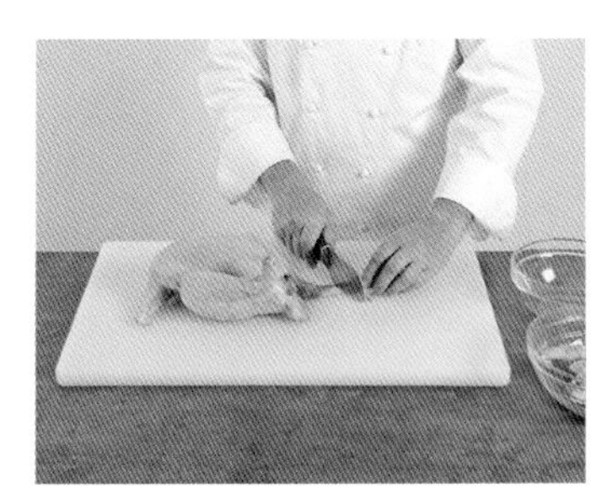

1 烹调前至少提前1小时将土鸡从冰箱取出。加工整鸡（见第358页），先切掉鸡爪和鸡头。

2 将鸡内脏取出：分开肝脏和胆囊，再分开鸡肫。去除脂肪、取出鸡心。

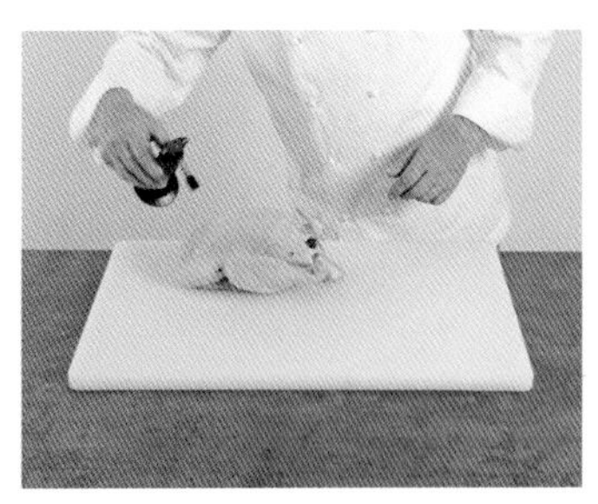

3 用火烧掉鸡表面的细毛。

4 将取出的可食用的内脏（如鸡肝、鸡肫、鸡心）清洗干净，备用。

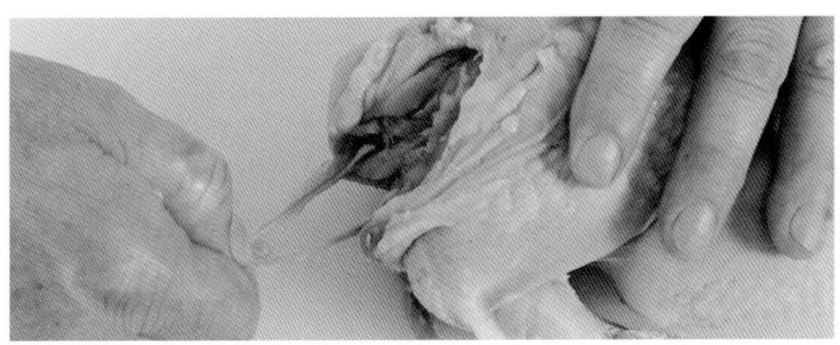

5 将鸡脖子的位置仔细清洗干净，不要弄破这个地方的鸡肉，取出鸡胸骨。

为什么？

鸡胸骨是呈V字形的小骨头，在烹调前去骨能使鸡肉在烹调时扎得更紧，烹调完成后也便于切分。

6 将洋葱和小洋葱头一分为二，蒜瓣切末。

7 将上一步切好的配料、鸡内脏和鸭油脂塞进鸡腹内。

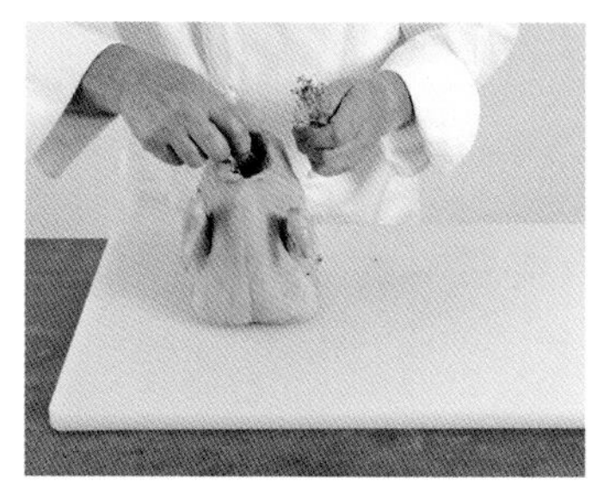

8 再塞入月桂叶和百里香枝。

重点

- 还可以塞入土豆，与鸡一起烤熟。为什么要塞鸭油脂？如果没有鸭油脂，猪油可以吗？都可以，油脂能够浸润鸡内部的肉，烘烤出的口感更好。
- 也可以给鸡的体内倒入橄榄油，但是一定注意不要塞黄油。因为黄油在烹调过程中会燃烧，黄油在 130℃时口感会发生变化，在 177℃时会燃烧。

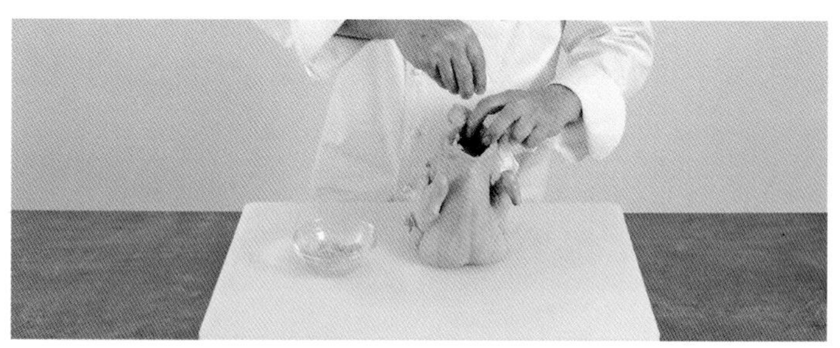

9 往鸡腹内撒盐和胡椒粉。

提示！

不要给鸡表面撒胡椒粉，否则会在烘烤过程中燃烧。

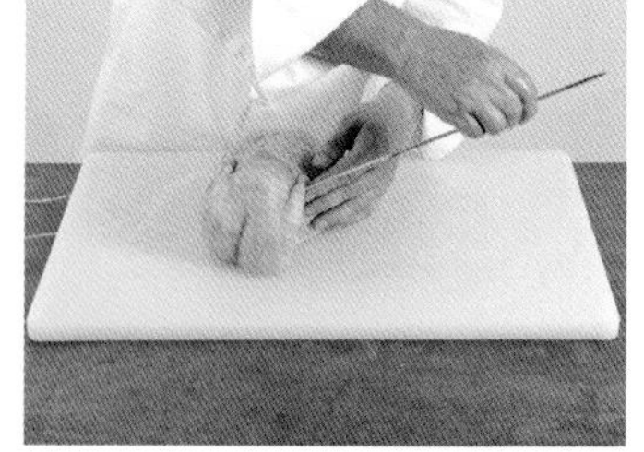

10 用细绳绑住鸡翅膀和鸡爪（▶ 见第360页）。

制作烤鸡

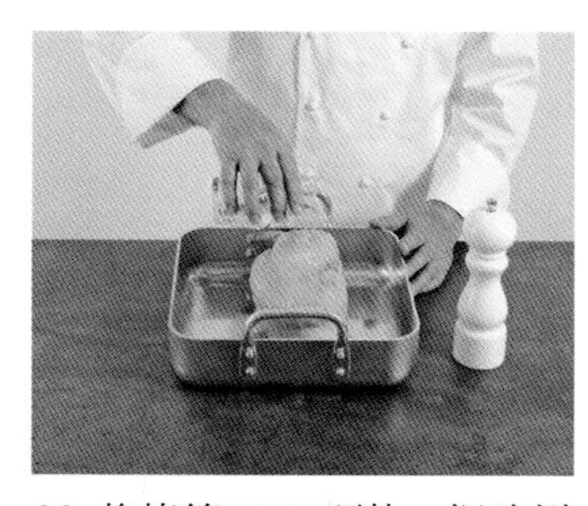

11 将烤箱190℃预热，把鸡侧放进烤盘，淋大量食用油，放进烤箱烘烤。

12 烤10分钟后翻面，淋食用油，不要撕破鸡肉，继续烘烤。

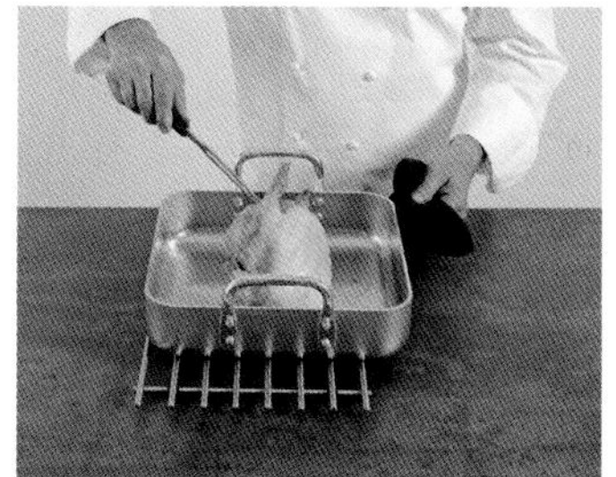

13 烤10分钟后，将鸡的背部朝下，淋食用油，这样烤出的鸡肉颜色均匀、鲜嫩多汁。

14 根据鸡的大小来决定烘烤时间，45～60分钟即可。

15 烤好后将鸡从烤箱中取出。

16 鸡胸朝上，鸡脚朝天静置15分钟。

切分整鸡

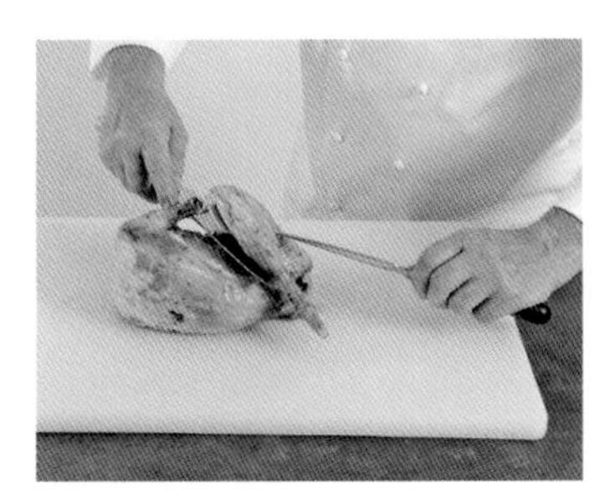

17 切下鸡腿。

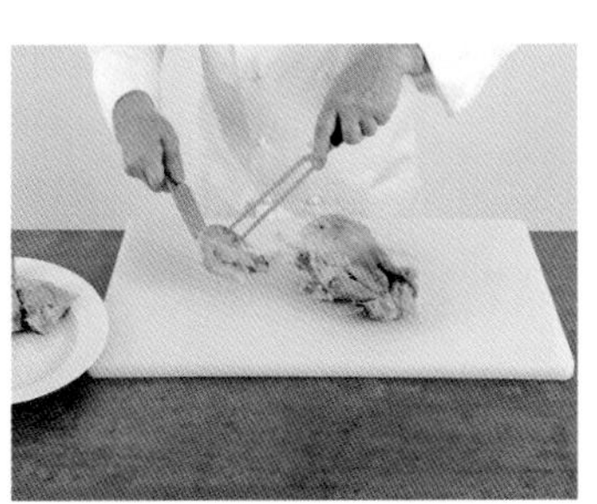

18 撕下鸡翅。

19 切分鸡胸肉。

主厨建议

- 最好选择喂食谷物、放养的鸡，可以购买已经清洗干净并取出内脏的整鸡，否则需要按照上述方法加工整只鸡。
- 如果需要将烹调好的鸡冷藏，则不要加鸭油脂，只加食用油即可。

蔬菜清炖鸡汤

LA POULE AU POT

6 人份

准备时间：**40分钟**
烹调时间：**3小时**

原料

胡萝卜 6根
大个巴黎蘑菇 6个
洋葱 3个
芹菜 1根
大葱 3根
肉质上乘的整鸡 1只
粗盐 适量
粗胡椒粒 适量
丁香尖 1段
杜松子浆果 3颗
蒜 1头
百里香 适量
月桂叶 适量

准备食材

1 将胡萝卜、蘑菇、洋葱、芹菜削皮、清洗干净、切大块。

2 将大葱清洗干净并切开。

提示！

清洗大葱时，需要将葱叶部分择掉，只保留葱白。然后竖切成4条。这样切便于清洁葱里附着的泥土。

3 加工整鸡（▶ 见第358页）。

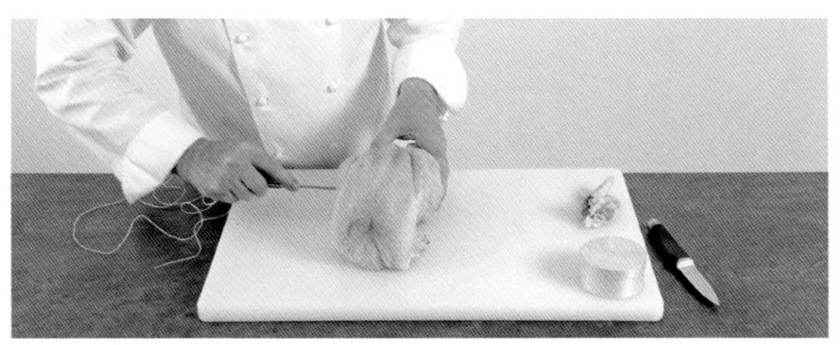

4 将鸡翅膀和爪捆住（▶ 见第360页）。

提示！

加工整鸡这一步骤可以委托店家来做。

制作

5 将整鸡放入炖锅中，倒凉水淹没整鸡，不要放盐。如果有已经炖好、撒过盐的鸡汤，也可以代替凉水使用。

提示！

在传统做法中，要用陶土砂锅炖鸡，现在可以根据食用人数决定整鸡的大小，并且准备相应尺寸的锅来烹调。

6 煮至水沸腾，撇去浮沫。

7 撒粗盐。

8 撒入粗胡椒粒、丁香尖和杜松子浆果。

9 将切成大块的蔬菜和蒜放入锅中。

10 放入百里香和月桂叶。

11 盖上锅盖，小火炖煮3小时，或将火力设置为180℃。煮好后将鸡汤中的食材适当降温，盛到一个较深的盘子中，去除油脂。

主厨建议

- 鸡汤撇去多余浮油后即可食用，也可搭配杂烩饭（▶ 见第 272 页）。
- 可用奶油酱、芥末酱或松露来搭配食用。
- 可用小母鸡来炖鸡汤（炖 2 小时即可）。
- 整鸡炖熟后，鸡汤需要一直没过鸡身，并且盖锅盖。
- 烹调家禽时不要把鲜肉放置于室温中过久，否则家禽的肌肉会缩紧，肉质会干柴。最好在早晨而不是傍晚烹调。

冷热酱鸡肉

LE CHAUD-FROID DE VOLAILLE

6 人份

准备和烹调时间:
2小时

工具

烤架
底盘凹陷的盘子

原料

胡萝卜 1根
大葱 1根
洋葱 1个
大个巴黎蘑菇 2个
香芹杆 1/2段
农场养殖鸡 1只
（1.5千克或小鸡2只）
鸡汤（可选）适量
粗盐 适量
粗胡椒粒 适量
丁香尖 2段
杜松子浆果 2颗
百里香 适量
月桂叶 适量

肉冻
鸡汤（或浓汤宝）
500毫升
动物明胶 30克（15片）

冷热酱汁
鸡汤（或浓汤宝）
500毫升
玉米粉 55克
液体奶油 150毫升
动物明胶 26克（13片）

准备食材

1 将胡萝卜、大葱、洋葱、蘑菇和香芹杆去皮，清洗干净，切成蔬菜块（▶ 见第353页）。

2 加工整鸡（▶ 见第358页），处理好后将鸡放入炖锅中。

提示！

加工整鸡这一步骤可以委托店家来做。

制作

3 炖锅中倒入凉水，不要放盐。如果有已经炖好并撇过盐的鸡汤，也可以代替凉水使用。

4 水沸腾后撇去浮沫。

5 撒粗盐、粗胡椒粒、丁香尖和杜松子浆果。

6 倒入蔬菜块。

7 加入百里香和月桂叶。

8 盖上锅盖。

提示！

烹调过程中要经常打开锅盖，撇去浮沫，煮出最纯净的鸡汤，避免汤色浑浊。

9 盖上锅盖，防止蒸发，小火炖1小时。煮好后适当晾凉。

准备肉冻

10 将明胶浸入凉水中。

11 取出明胶，将之前已煮好的鸡汤盛出500毫升，放入明胶。

12 用搅拌器搅匀。

准备冷热酱汁

13 再盛出500毫升煮好的鸡汤用来制作酱汁。

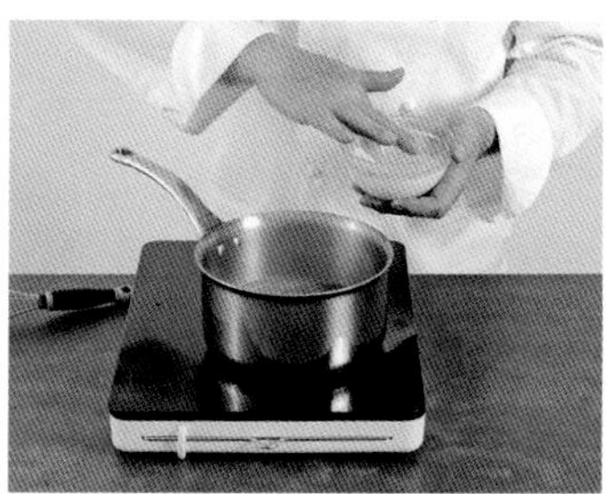

14 将玉米粉用一两勺鸡汤稀释（需要稀释成液体），倒入锅中。

15 小火煮几分钟后，加入液体奶油。

16 将浸泡过凉水的明胶加入酱汁中。

17 用斗笠状过滤器过滤煮好的酱汁，不要混合搅拌酱汁。

为什么？

混合搅拌会破坏酱汁中的胶质，使酱汁产生气泡。

浇肉冻和摆盘

18 将盛酱汁的碗放在冰水里，酱汁遇低温会凝结，时时晃动酱汁，让其质地更浓稠。

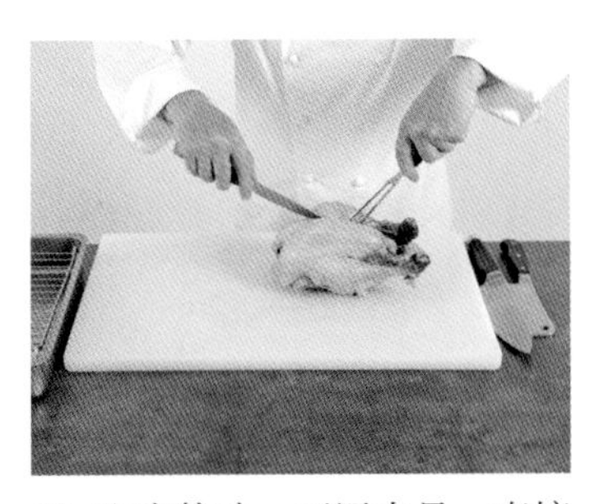

19 取出整鸡，不用去骨，直接切块。

20 去掉鸡皮，将鸡块放在烤架上。

21 每个鸡块中间留够一定的空间，给每个鸡块浇2遍酱汁。

提示！

如果酱汁流下，可以用盘子接住，再加热后浇到鸡块上。

22 最后再给每个鸡块涂2遍肉冻，将流下的肉冻再重复涂在鸡块上。

主厨建议

- 如果用家禽胸脯肉冻烹调，则需要用家禽清汤来做酱汁。肉冻需要低温 64℃制作。
- 可以将已经煮熟的蔬菜当作沙拉，与鸡肉一起食用。
- 根据口味，可以在涂酱汁前给鸡肉撒上松露、香料（桂皮粉、咖喱粉、姜粉）或香草（龙蒿、香芹、香叶芹），也可以在酱汁里加入这些调料。

焦糖香烤鸭胸肉

LE MAGRET DE CANARD AU
CARAMEL D'ÉPICES

6 人份

准备时间：**35分钟**
腌制时间：**6小时**
烹调时间：**10分钟**

工具

小平底奶锅
长柄平底煎锅
夹子

原料

鸭胸肉 3块
鸭汤或家禽清汤 250毫升

腌料
蒜瓣 1个
生姜 20克
小洋葱头 1个
百里香 适量
月桂叶 适量
酱油 50毫升
粗盐 适量
胡椒粉 适量

酱汁
细砂糖 100克
四合香料 5克
香草荚 1/2个
香脂醋 50毫升

腌制鸭胸肉

1 先用刀刮掉鸭胸肉上的油脂，然后放入大小合适的盘中。

提示！
选择一个稍大的盘子进行腌制。不用将油脂去得太干净，烹调时适量的油脂会保护并滋润肉质。

2 用蒜瓣均匀涂抹鸭肉的每一面。

3 再用生姜均匀涂抹一遍鸭肉。

4 将小洋葱头切碎，放入碗中（见第347页）。

5 碗里加百里香和月桂叶。

6 倒入酱油。

7 撒入适量的粗盐和胡椒粉。

8 将调好的腌料浇在鸭肉上。

9 覆盖保鲜膜，放入冰箱冷藏腌制。

10 腌制至少6小时后，倒出腌料。

准备酱汁

11 在奶锅里撒入细砂糖，加热。

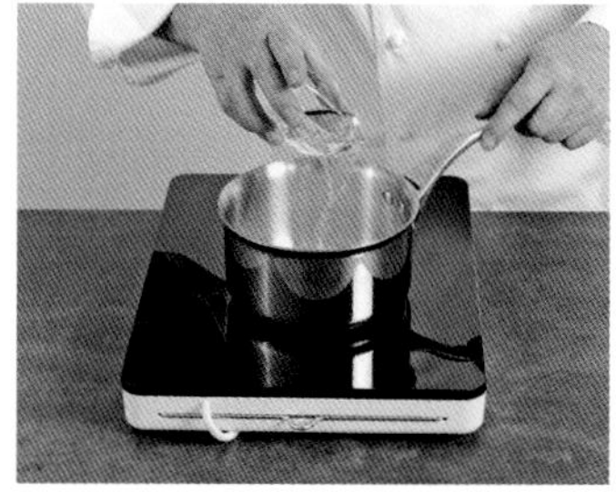

12 加入一小杯水，稀释细砂糖。

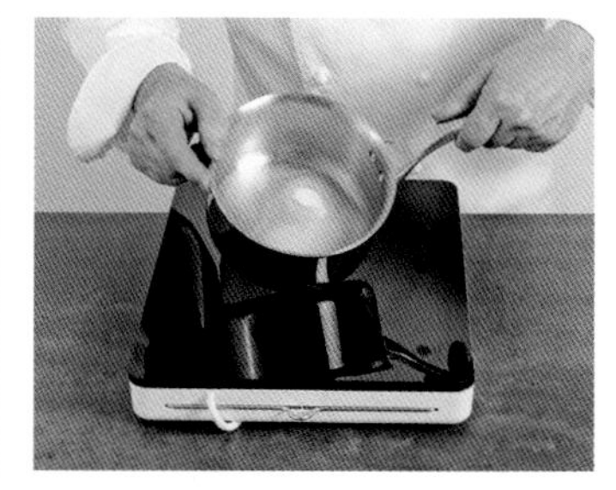

13 细砂糖化开后盖上锅盖。

重点

▶ 如果细砂糖堆积，没有完全化开，则无法成功做出焦糖。堆积的细砂糖不能均匀受热，锅的边缘会产生小气泡。为了避免这一现象，需要盖着锅盖制作。当糖浆沸腾起泡时，水蒸气会使糖分粘在锅的边缘。只要掌握这个技巧，就能成功做出焦糖。

14 焦糖做好后，适当晾凉。

提示！

将奶锅底部浸入凉水中，可以加快这个步骤。

15 倒入四合香料，取香草荚倒入焦糖中。

16 倒入香脂醋和焦糖混合。

17 倒入腌制鸭胸肉的腌料和鸭汤（或家禽清汤）。煮至收汁，汤汁黏稠即可。

制作鸭胸肉

18 鸭胸肉带油脂的一面撒上胡椒粉。

19 将鸭胸肉放在平底煎锅中，不用预热，不用加食用油。

20 小火煎制，直到鸭肉自身的油脂渗出，即可关火。

21 关火后，去掉鸭皮。

22 再将鸭肉放回煎锅，每面重新煎几分钟。煎好鸭肉后放在烤盘里，食用前再放入烤箱加热。

为什么?

这一步极为重要，在油脂的包裹下鸭肉可能没有完全熟，而大量的油脂已经融化在了鸭皮表面，使鸭皮很脆。

重点

- 在烹调肉类时有一种错误的认知，即在所有程序的最后烹调肉类，可以保证肉鲜嫩多汁。事实正相反，烹调肉类使得肉的质地“受损”，静置片刻可以使肉的汁液在肌肉纤维内部流动起来，使肉质恢复鲜嫩。
- 不论食用半熟还是全熟的肉，烹调前，肉都必须静置一段时间。可以在客人到来之前再烹调鸭肉，这样也能避免烹调鸭肉时味道弥漫整个房间。

摆盘

23 过滤酱汁。

24 将鸭胸肉用烤箱加热几分钟，切片后摆盘，淋一层酱汁。

提示!

不要把所有酱汁都浇在肉上，这样才能尝出肉本身的香味。

主厨建议

- 不要忽视摆盘这道重要的工序，它能体现出个性和独创性。
- 可以根据客人的不同变换不同的餐具，增加进食的趣味性。
- 如果选用小雌鸭代替鸭胸肉，烹调时间可以缩短。

美式烤鹌鹑

LES CAILLES GRILLÉES À L'AMÉRICAINE

6人份

准备时间：20～40分钟
烹调时间：5～10分钟

工具

喷枪
烤架或烤盘

原料

鹌鹑 6只
熏猪胸肉 500克
巴黎蘑菇（中等大小）6个
小西红柿 50克（6个）
食用油 适量
盐 适量
芥末酱 少许
面包粉 少许
胡椒粉 适量

准备鹌鹑

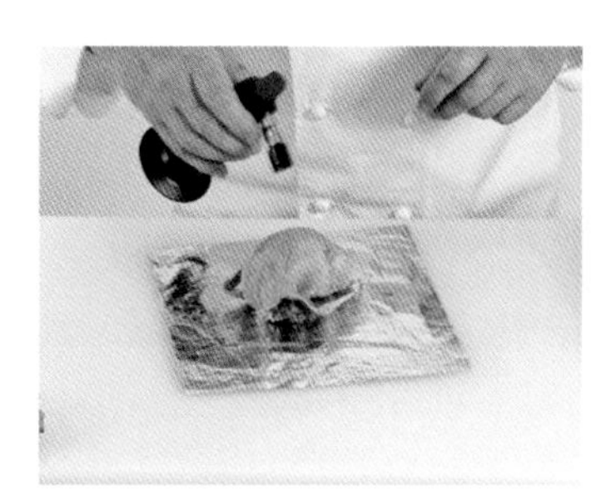

1 将鹌鹑清洗干净，用喷枪烧掉表面的细毛。

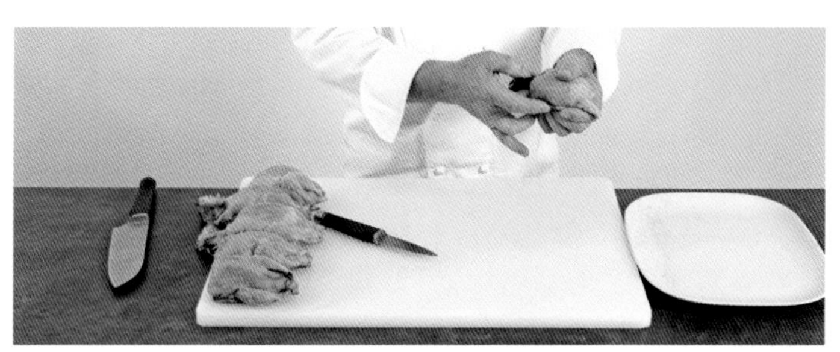

2 加工鹌鹑（见第358页），将内脏掏空。

提示！

加工鹌鹑这一步骤可以委托店家来做，要想保证鹌鹑品质，最好先不要掏空内脏。

3 从背部下刀，将鹌鹑从头到尾一切为二。

4 将切成两半的鹌鹑压平。

准备配菜

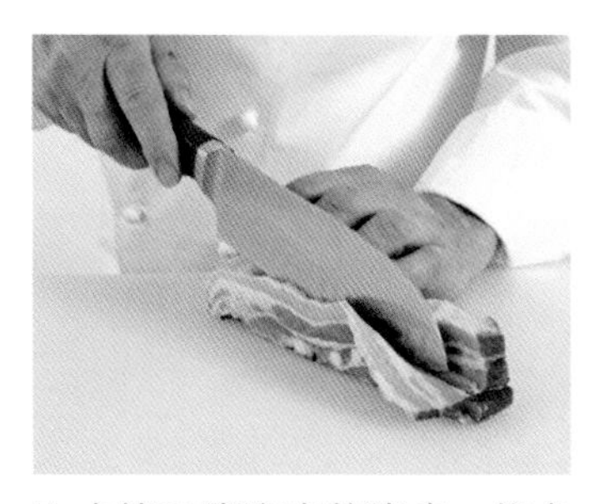

5 去掉熏猪胸肉的猪皮，将肉切成厚度均匀的薄片。

6 将蘑菇洗净，可以去掉蘑菇的梗。

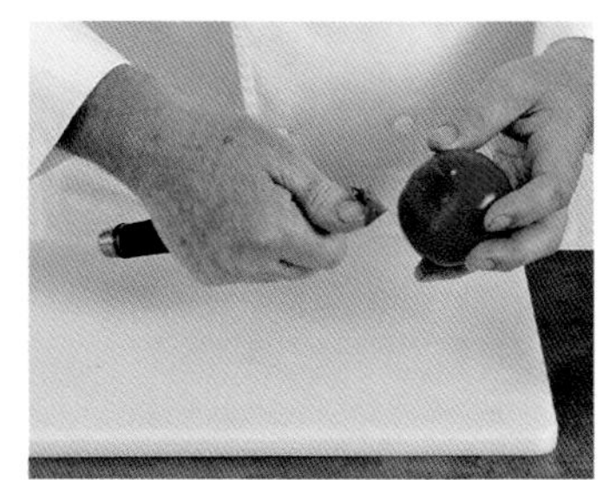

7 将小西红柿洗净、去梗，注意不要弄烂小西红柿。

制作和摆盘

8 给鹌鹑淋适量的食用油，撒盐。

9 将鹌鹑带皮的一面放在已经预热好的烤架或烧烤盘上烤制。

10 2分钟后，将鹌鹑旋转45度，使带皮的一面烤出方格形状。

11 再次翻转鹌鹑烤2分钟，不要在鹌鹑表面扎眼，以防汁水流出。烤完后，将鹌鹑盛盘。

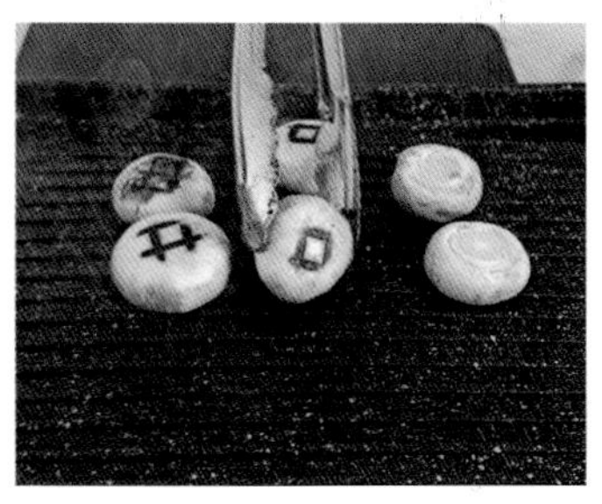

12 将蘑菇放到烤盘上烤制，顶端烤出方格形状。

13 将蘑菇放入盘中，将带皮的小西红柿放到烤盘里。

提示！

每个小西红柿只需烤几秒即可，不用烤得过熟。

14 将熏猪肉片放到烤盘上烤制，不要烤太干。

15 在鹌鹑皮上涂少许芥末酱。

16 撒少许面包粉。

17 蘑菇和小西红柿表面撒少许盐，给所有食材都撒上胡椒粉，然后放进烤箱，200℃烘烤5～10分钟。出炉后即可食用。

主厨建议

- 这道菜肴之所以叫“美式”有两个原因：首先是切开鹌鹑，一分为二的方式；其次是这道菜的配料用了蘑菇、西红柿、熏肉（培根）。

- 传统做法中，可以搭配炸薯条或膨化土豆（▶ 见第244页）食用。还可以搭配法式蛋黄酱（▶ 见第310页）食用。

- 也可以用其他家禽烹调这道菜，由于已经在烤盘上烤过，烤箱烘烤时间可以缩短。在烘烤前10～15分钟涂芥末酱和面包粉，然后将蘑菇、熏肉片和小西红柿一起放入烤盘烘烤。

鸽肉肥肝酥皮卷

LE PIGEON AU FOIE GRAS EN CROÛTE

6 人份

准备时间：**35～50分钟**
静置时间：**1小时**
烹调时间：**18分钟**

原料

鸽子 3只
去掉血管和筋膜的肥肝 1块
盐 适量
胡椒粉 适量
小洋葱头 1个
蒜瓣 1个
橄榄油 适量
波尔图甜葡萄酒 100毫升
家禽高汤 500毫升
百里香枝 适量
月桂叶 适量
长方形的千层面饼 1个
白芝麻 30克
黑芝麻 30克
蛋黄 1～2个

准备肥肝和汤汁

1 将鸽子翅膀和腿切掉，加工鸽子（▶ 见第358页），鸽子腿切掉后可用于之后的烹调。

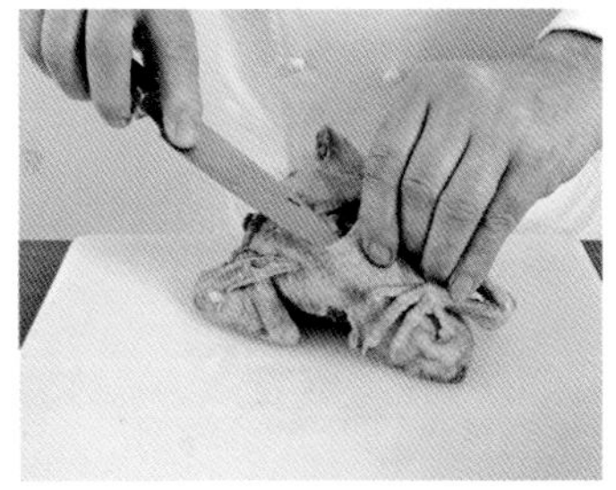

2 切开鸽子胸脯，取出胸骨，掏空内脏。

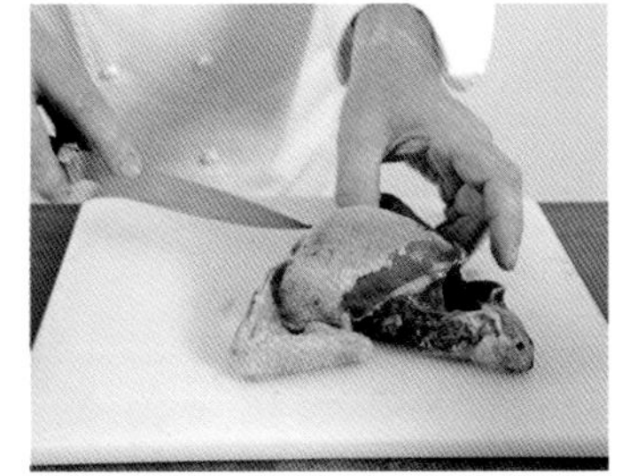

3 将鸽子切块。

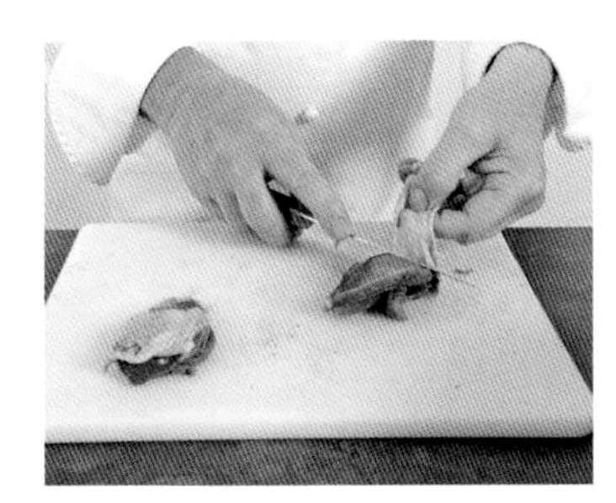

4 去皮、去骨，将骨头和内脏用于煮汤。

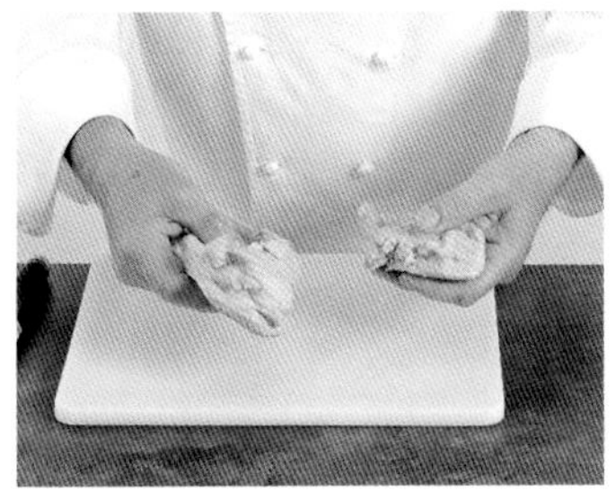

5 将肥肝分成两块。

6 将肥肝切成6片，最肥厚的地方切4片，薄的地方切成2片。

7 在处理好的鸽子肉和肥肝上分别撒盐和胡椒粉，注意每面都要撒。

8 将取出的鸽子骨剁碎。

为什么！

剁碎的骨头更便于烹调，骨头越碎，煮出的汤越美味，颜色越浓稠。

9 将小洋葱头和蒜瓣去皮后放入锅中，倒橄榄油翻炒。

10 将鸽子碎骨倒入锅中，炒5～10分钟至上色。

11 加盐和胡椒粉调味。

12 倒入波尔图甜葡萄酒。

13 倒入家禽高汤没过锅里的食材（▶ 见第364页），最后加入百里香枝和月桂叶。

14 继续炖煮，直至汤汁黏稠。

15 汤汁煮好后过滤。

16 过滤时需不断挤压。

准备肉卷

17 将千层面饼擀至2毫米厚。

18 将白芝麻和黑芝麻撒在面饼上。

19 用擀面杖轻轻将芝麻擀进面饼里。

20 将面饼翻面，切成宽3厘米的长条。

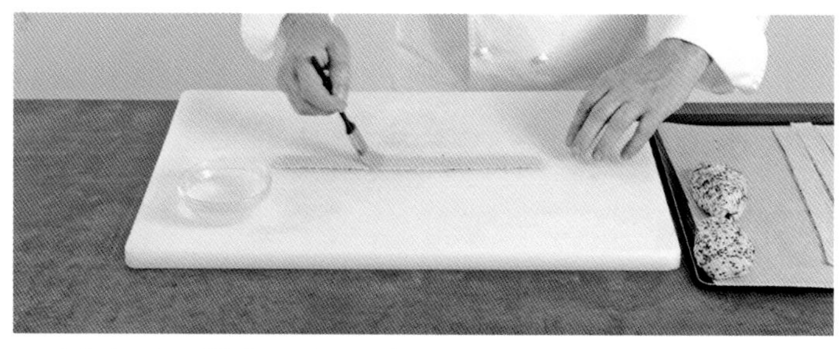

21 用刷子在面饼表面刷一层凉水，使其粘得更紧。

不要让面饼遇热。

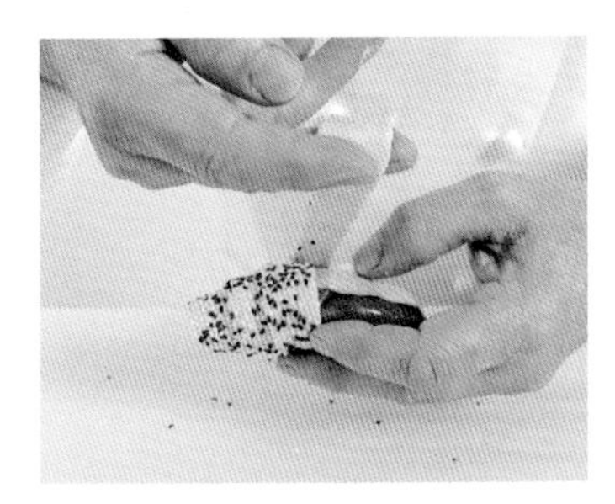

22 用面片一圈圈包裹住鸽子肉和肥肝（肥肝放在鸽子肉上面）。

23 裹好肉卷后，将肉卷放入冰箱冷藏至少1小时，使其温度降低，面变硬。

提示！

可以提前几小时进行上述步骤，但是不要提前太久。生鸽子肉流出的血水会浸入面饼。

制作肉卷

24 烤盘上铺一层烘焙纸，将烤盘先放进烤箱，230℃预热。取出烤盘后，将肉卷放在烤盘上，涂上蛋黄和水，再涂一层橄榄油。

为什么？

预热烤盘保证了肉卷底部的面可以立刻受热。

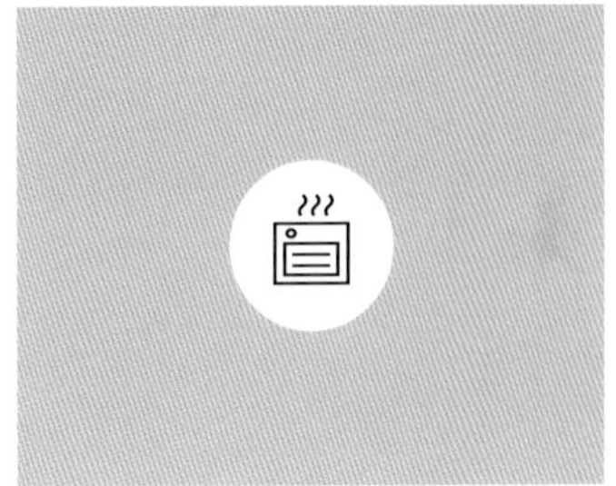

25 肉卷烤18分钟后取出，切块，和鸽子汤搭配食用。

主厨建议

- 只要完全按照菜谱的方法烹调，这道菜肴很容易制作成功。注意选择质优的鸽子和饱满的肥肝。
- 取下的鸽腿肉可以用橄榄油浸泡，再加入蒜瓣和香料，用小火煮 30 分钟。和这道菜肴一同食用。
- 选择新鲜、色泽发白并且质地柔软的肥肝，不要买抽真空包装，而要选纸包装的，也不要选有刀伤或血渍的肥肝。
- 节日宴席时，可以在肥肝和鸽子肉中间夹一片松露，使肉卷口感更丰富。
- 在做肉卷时，如果千层面饼的尺寸为长 60 厘米、宽 40 厘米，则可以擀出 2 条宽 3 厘米的面饼。

西红柿炖兔肉

LE FRICASSÉ DE LAPIN
À LA TOMATE

6 人份

准备和烹调时间：**45～60分钟**
静置时间：**15分钟**

原料

熏肉 100克
小洋葱头 3个
蒜瓣 1个
胡萝卜 2根
兔子 1只
橄榄油 适量
姜丝 10克
风轮菜 1枝
盐 适量
胡椒粉 适量
西红柿汁 1升（或西红柿泥1千克）
食用油 适量

准备食材

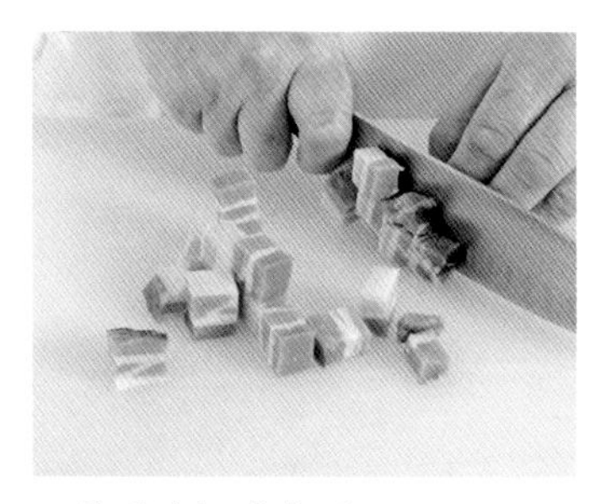

1 将熏肉切成肉丁。

2 小洋葱头切碎（▶ 见第347页），蒜瓣切末。

3 将胡萝卜洗净、削皮，然后切丁（▶ 见第350页）。

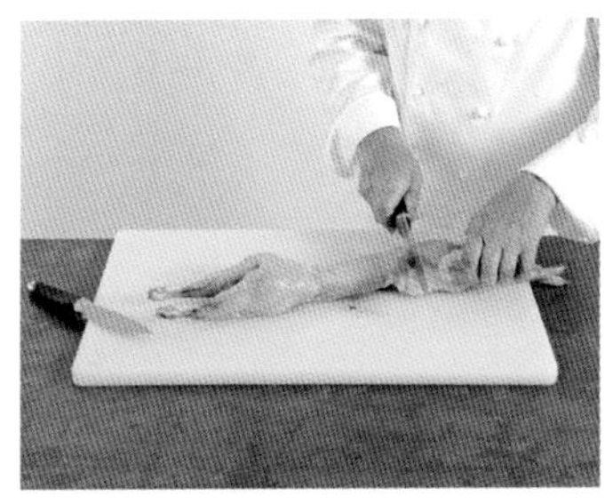

4 将兔子分成6大块。先从肩膀处把前腿和躯干分开。

5 再切开背部和大腿。

6 将爪切掉。

7 将背部一分为二。

提示!

如果店家没有处理头和肝脏,也需要去掉这两部分。

制作兔肉

8 准备一个平底煎锅，倒橄榄油，放洋葱末、胡萝卜丁、姜丝、熏肉丁和蒜末翻炒。

9 撒入风轮菜，加盐和胡椒粉调味。

10 炒至上色，加入500毫升西红柿汁。

11 小火熬煮。

12 准备另一口平底煎锅，倒食用油，将兔肉放入锅中翻炒，最先炒肩膀部分。加盐和胡椒粉调味。

13 随后放兔腿和躯干的肉，炒几分钟后上色。

14 将剩下的西红柿汁逐次倒入锅中。

15 盖上锅盖，煮至收汁。整个烹调过程使用中火，时间不超过20～25分钟。

主厨建议

- 兔肉做好后，盖着锅盖静置至少15分钟，搭配酱汁食用。静置使得肉质中的纤维放松，肉质更嫩。烹调时，肉质不会因为静置一段时间而变干。

肉类

勃艮第红酒炖牛肉

LE BŒUF BOURGUIGNON

6 人份

准备时间：**提前一晚30分钟+当天30分钟**
腌制时间：**24小时**
烹调时间：**3小时**

工具

长柄煎锅
夹子

■ 原料

牛肉块 1千克（每块60～80克）
食用油 适量
盐 适量
胡椒粉 适量
小洋葱头（或新鲜洋葱）12个
胡萝卜 3根
巴黎蘑菇 6个
熏肉丁 150克
面粉 50克
新鲜西红柿 1千克（或西红柿浓缩汁1汤匙）

腌料

胡萝卜 3根
洋葱 2个
芹菜 1根
巴黎蘑菇 4个
蒜瓣 1个
勃艮第红酒 2瓶
白兰地 100毫升
百里香 适量
月桂叶 适量

● 腌制牛肉（前一晚）

1 胡萝卜、洋葱、芹菜削皮、洗净、切块（见第353页）。

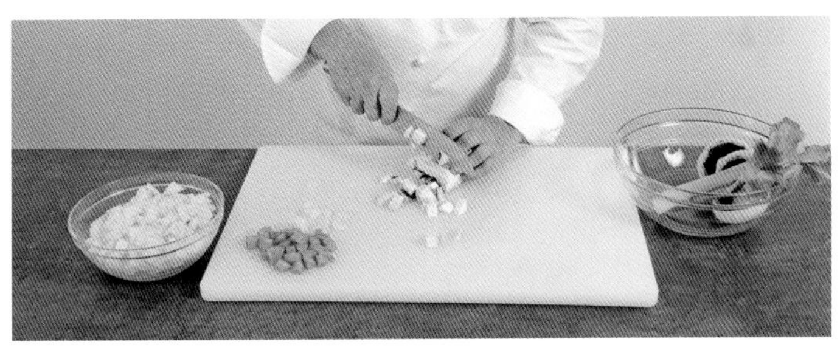

2 每个蘑菇一分为二，蘑菇头用作配菜，蘑菇柄用作腌料。将蘑菇柄切碎。

提示！
不要洗蘑菇，否则蘑菇会氧化变黑。

3 蒜瓣剥皮，切成两半。

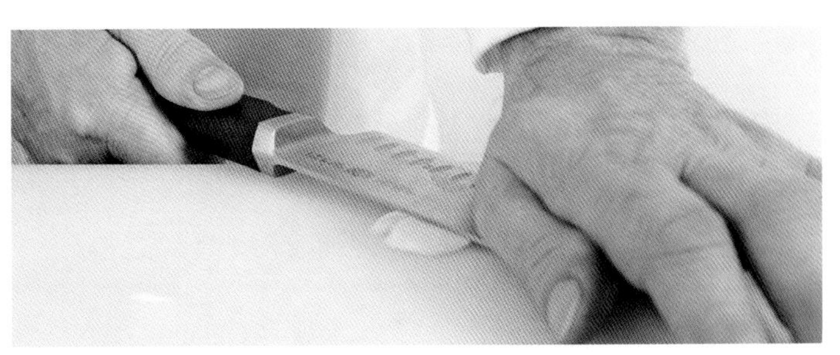

4 去掉蒜芽，将蒜压碎。

提示！
去掉蒜芽并将蒜压扁，可以去除蒜的苦味，不需用专门的工具即可实现。

5 锅内倒油，放入牛肉块。

6 撒盐和胡椒粉调味。

提示！

让店家将肉加工并切好。

7 用热油煎炒牛肉块，直至颜色变浅褐色。

8 用夹子将牛肉块夹入沙拉碗中。

9 再向锅中倒少许油。

10 将切好的蔬菜倒入锅中翻炒。

11 将半瓶红酒倒入锅中。

12 加入蒜碎。

13 蔬菜丁炒好后，倒入盛有牛肉块的沙拉碗中。

14 再将剩余的红酒倒入碗中。

15 加入白兰地。

16 放百里香和月桂叶。

17 碗上覆盖一层保鲜膜，静置24小时，直至所有食材上色。

制作（当天）

18 将牛肉块取出、沥干、放在空碗中。

19 将腌制过的其他食材也盛出、沥干。

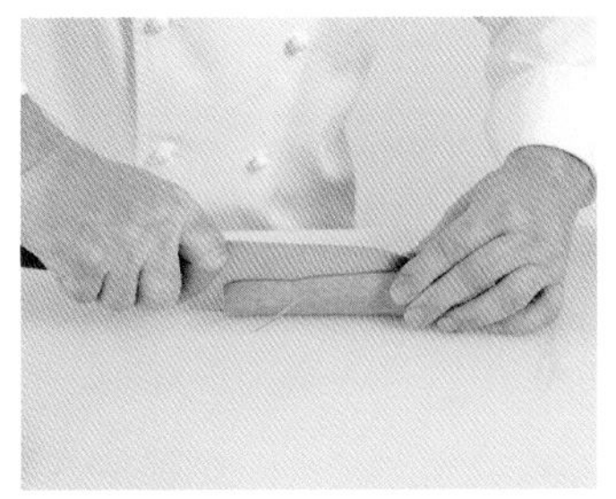

20 小洋葱头（或新鲜洋葱）、胡萝卜和蘑菇去皮、洗净、切大块。

21 将熏肉丁倒入炖锅中翻炒。

22 加入切好的蔬菜块，用熏肉煸出的油翻炒蔬菜。

23 将面粉倒入锅中（可以将炖锅放在炉灶上炒几分钟面粉）。

24 将牛肉块夹进炖锅里，小火加热。

25 将沥出的腌料汁盛入另一口锅中，煮沸后撇去浮沫和杂质。

26 用喷枪加热表面。

27 将沸腾的腌料汁倒入盛有牛肉块和配菜的锅里。

28 再次撇去浮沫和杂质。

29 将新鲜西红柿切碎、去子、倒入锅中，或加1汤匙浓缩西红柿汁。

30 锅里倒满水。

提示！

也可以加清汤、高汤或烤肉汁。

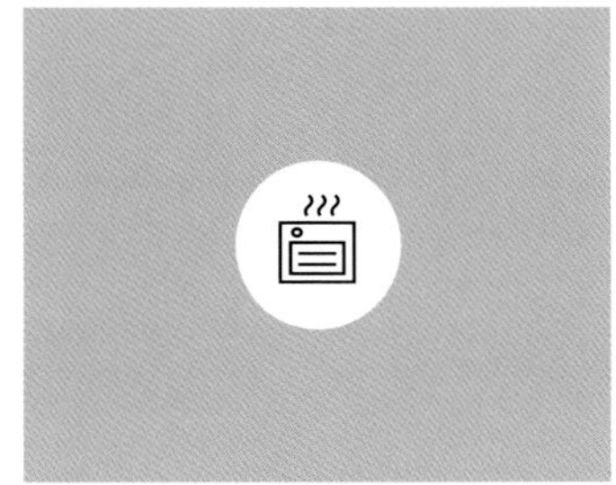

31 盖上锅盖，将锅放入烤箱中，180℃烘烤3小时。

重点

- 烹调过程中牛肉块要一直浸泡在腌料汁中，这样肉才多汁、易食用。注意！牛肉炖好后，要小心盛出，否则很容易把肉弄散。

摆盘

32 静置片刻后，用漏勺舀出蔬菜（胡萝卜、蘑菇和洋葱）、牛肉块和熏肉丁。

为什么？

静置、晾凉片刻可以使肉加倍吸收酱汁，从而更美味。

33 制作勾芡料（▶ 见第344页）。

34 用斗笠状过滤器过滤汤汁。

提示！

过滤能使其减轻重量、质地更轻。

35 再次加盐和胡椒粉调味，趁热食用。

主厨建议

- 理想情况下，应早晨准备、晚上烹调，或前一夜为第二天准备食材，提前做可以充分腌制牛肉。

- 传统做法中，勃艮第牛肉的腌制过程都要在低温下保鲜冷藏，这为第二天的烹调预留出了时间，也更能激发味道。但我在做这道菜时选择了高温腌制。腌制已经加工成半成品的原料时，高温会使腌料的味道扩散得更快。

- 这道菜和土豆或新鲜面饼都是绝佳的搭配。

- 这道菜可以选择牛肩肉，也可以用牛颊肉代替。如果客人较多，并且还有资深美食爱好者的话，也可以加入牛舌。

经典炖蔬菜牛肉汤

LE POT-AU-FEU « GRAND CLASSIQUE »

6 人份

准备和烹调时间：**4～4.5小时**

■ 原料

牛肋排 1块
牛尾 1条
牛肩肉 1块
胡萝卜 6根
大个巴黎蘑菇 6个
洋葱 3个
大葱 3根
芹菜 1段
土豆 6个
牛脊骨 10块
粗盐 适量
胡椒粒 适量
蒜 1头

● 准备食材

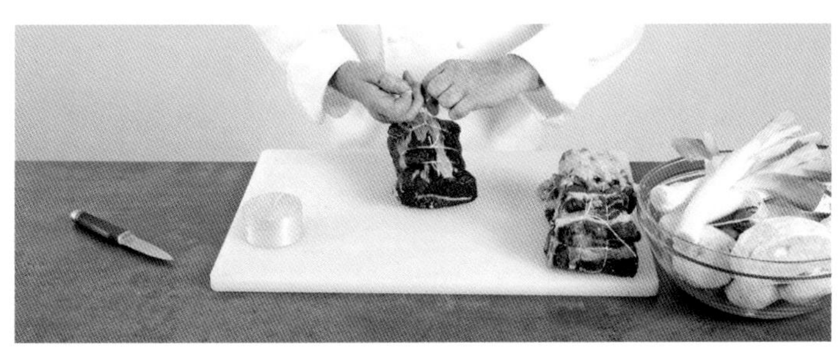

1 将所有牛肉用细绳绑起来（牛肋排、牛尾、牛肩肉）。

提示！

可以在肉店买已经加工绑好的肉。

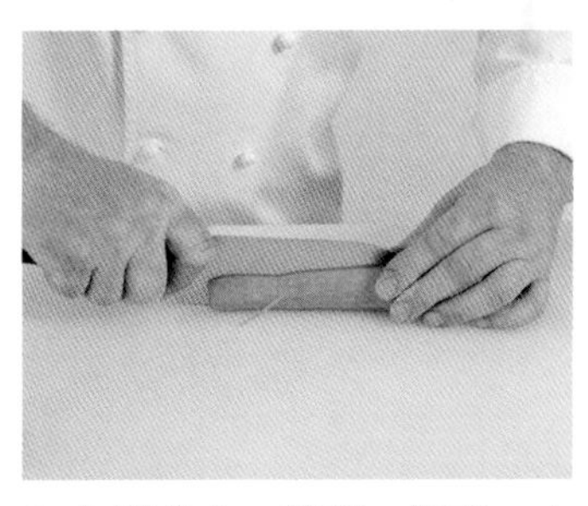

2 将胡萝卜、蘑菇、洋葱、大葱、芹菜、土豆削皮、洗净，分别切成两半。

● 制作

3 将牛肉放入炖锅中。

提示！

可根据卖家的建议选择肉块大小。

4 倒入凉水，不加盐，将水煮沸。

5 去掉浮沫（血水和油脂）和杂质。

6 撒粗盐。

7 加胡椒粒。

8 放入除土豆外的蔬菜和蒜。

9 炖煮3.5小时后，把肉汤晾凉。

10 用刀将牛脊骨上的肉剔除干净。

●准备牛脊骨和土豆

11 将牛脊骨放入锅中，加凉水。

12 加少许盐。

13 煮10分钟左右。土豆也按照以上步骤煮熟。

14 牛肉汤炖好后，撇去浮油。准备一个深底盘子，将牛肉块和蔬菜盛盘。

注意！

牛肉汤需要与牛肉块和蔬菜分开盛盘。

主厨建议

- 牛肉汤撇去浮油后即可食用。剩下的碎牛肉可以制作沙拉、西红柿塞肉、土豆泥焗牛肉。
- 在传统菜谱中，建议将牛肉放在沸水中煮，这种做法可以使汤味更足。我更喜欢在汤里加一点儿食用油，这样烹调出的食物颜色更好。

葡萄藤烟熏牛肋条

LA CÔTE DE BŒUF
MI-FUMÉE AUX SARMENTS DE VIGNE

6 人份

准备时间：**30~40分钟**
静置时间：**6~24小时**
烹调时间：**10~15分钟**

工具

烧烤盘
喷枪

■ 原料

牛肋条 2条（1.2~1.3千克）
橄榄油或食用油 适量
百里香 适量
月桂叶 适量
盐或盖朗德海盐 适量
黄油 适量
胡椒粉 适量
葡萄藤 适量

● 准备牛肉

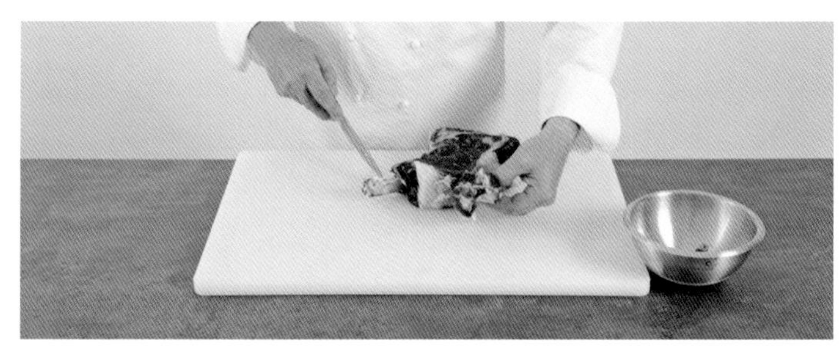

1 将牛肋条去肥膘和肉筋，将骨头上附着的薄膜和肌肉剔除干净，避免烹调过程中燃烧。

提示！

也可选购已经处理加工好的牛肋条。

2 牛肋条上涂一层食用油。

3 撒满磨碎的百里香和月桂叶。

4 将肉翻面，重复以上操作。

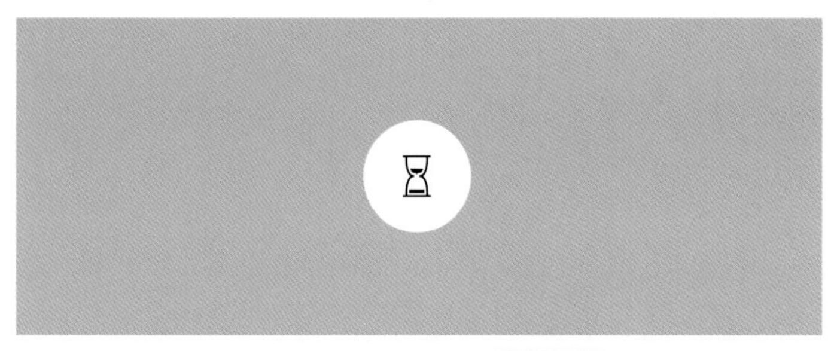

5 将肉放入冰箱，冷藏至少6小时，如果可能的话冷藏24小时。

提示！

烹调前30分钟将肉取出，恢复室温，不要让最中心部分的肉太冰凉。

制作和熏制

6 牛肋条两面撒盐。

7 平底煎锅中放油加热，将牛肋条几面都撒上胡椒粉，煎5～8分钟。

为什么？

煎牛肋条的目的不是为了做熟，烤箱烘烤才会将它做熟。也可以提前15～30分钟煎制。

8 在牛肋条上涂一层薄黄油，放入烤箱，200℃烤10～15分钟。

9 烘烤同时，准备烧烤盘或炖锅，放入葡萄藤，用喷枪加热5分钟。

注意！

牛肋条不要直接接触葡萄藤，目的和之前一样，并不是要将其做熟，而是要熏制牛肋条。烘烤完葡萄藤后，盖上盖子，保存熏制出的烟火气。

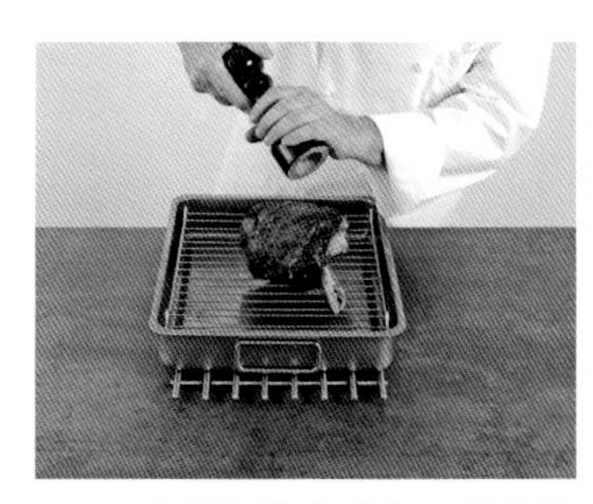

10 取出烤好的牛肋条，放在烧烤架上静置5分钟，加胡椒粉。

11 将放有牛肋条的烧烤架放在熏葡萄藤上。

12 盖上盖子，让葡萄藤的烟熏制牛肋条10分钟。

● 摆盘

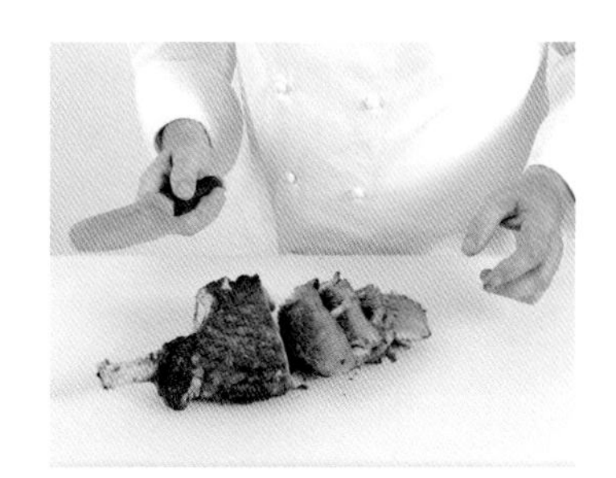

13 将牛肋条切厚片，摆盘。

主厨建议

- 熏制时间不要超过 10 分钟。当牛肋条温度降低，可重新放回烤箱烘烤，也不能熏制时间过长。注意在熏制前，让牛肋条静置一会儿。如果直接盖上锅盖熏制，肉就好像在压力锅中一样，会导致烹调过度。

- 切片时的薄厚取决于对口味的要求，我个人偏好厚切牛肉。

- 还可搭配法式蛋黄酱（▶ 见第 310 页）或波尔多酱（▶ 见第 312 页）食用。如果没有葡萄藤，也可用香草代替，如百里香或迷迭香。

科尔纳斯红酒炖牛颊肉

LES JOUES DE BŒUF CONFITES AU VIN DE CORNAS

6 人份

准备时间：**45~60分钟**
腌制时间：**6小时**
烹调时间：**2.5小时**

工具

细绳

■ 原料

牛颊肉 3块
食用油 3汤匙
面粉 50克
西红柿 1千克

腌料

芹菜 1段
大葱 2根
小洋葱头 6个
蒜瓣 3个
胡萝卜 6根
巴黎蘑菇 10个
科尔纳斯红酒 2瓶
香脂醋 100毫升
百里香 2枝
月桂叶 1片
盐 适量
胡椒粉 适量

● 准备牛颊肉

1 将牛颊肉表面的筋膜去掉，注意不要破坏肉质。

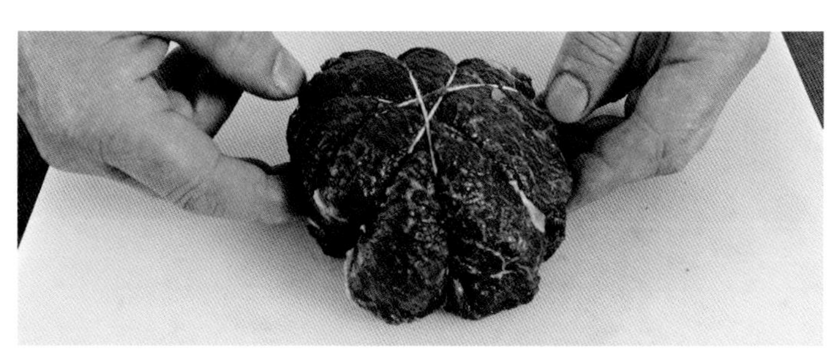

2 用细绳捆住牛颊肉。

提示！

可以让卖家处理并且绑好牛颊肉。

3 将食用油倒入锅中，翻炒牛颊肉。

4 炒至表面变浅褐色。

5 盛出、备用。

● 制作腌料

6 将芹菜、大葱、小洋葱头、蒜瓣、胡萝卜洗净、削皮。将胡萝卜外其他菜和蘑菇分别切块（见第353页）。

7 将蒜瓣切成两半。

8 将胡萝卜切成五六毫米见方的小丁。

9 将所有的蔬菜倒入锅中，炒至上色。

10 倒入1瓶红酒，没过蔬菜。

11 将炒好的蔬菜盛出，放入盛有牛颊肉的碗中，再倒入1瓶红酒。

12 加入香脂醋、百里香、月桂叶，适当搅拌。

13 根据个人口味加入适量盐和胡椒粉调味。

14 放入冰箱冷藏，腌制至少6小时。取出时所有食材应都已经上色。

制作炖牛颊肉

15 将牛颊肉夹出，放在盘子里。

16 将腌制的其他蔬菜用漏勺盛出，红酒腌料备用。

17 炒锅中放油，将腌好的蔬菜丁倒入锅中翻炒。

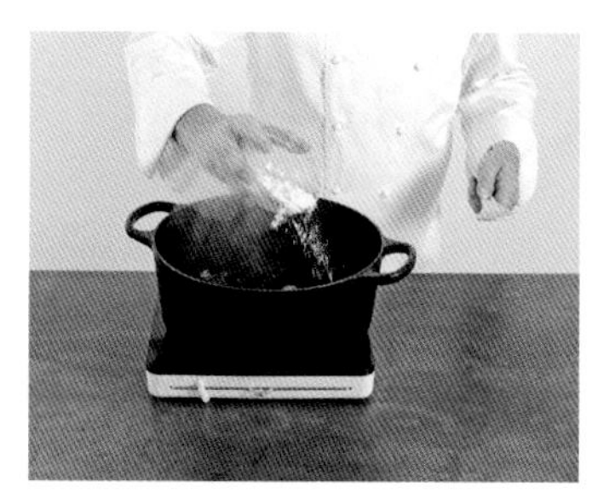

18 锅中倒入面粉增稠（面粉能增加汁液的黏稠度）。

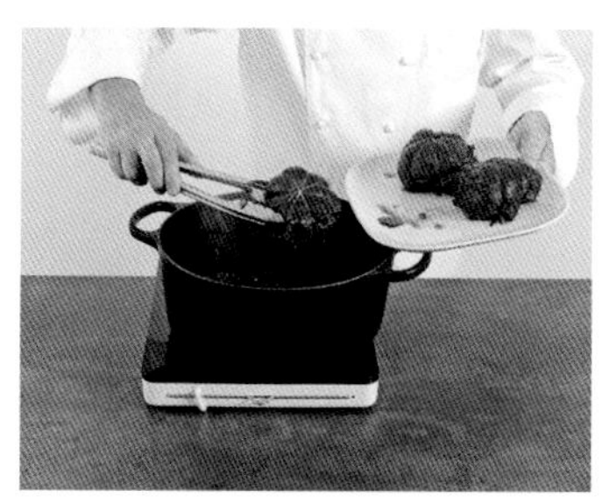

19 将牛颊肉放在蔬菜上。

20 将过滤后的一半红酒腌料倒入锅中，煮至沸腾。

21 汤汁沸腾后，撇去浮油和杂质。再煮十几分钟，将腌料收汁至一半。

22 将剩下的红酒腌料倒入锅中，继续熬煮，收汁。

23 加入洗净、切块的西红柿。

24 锅里倒入水或高汤，没过食材。

提示！

可以加清汤或牛肉高汤，如果没有，也可以加水。

25 盖上锅盖，入烤箱，200℃烘烤至少2.5小时。

摆盘

26 烘烤后将肉放在锅里静置片刻，随后取出。

27 盛出蔬菜。

28 用斗笠状过滤器过滤汤汁，趁热食用。

主厨建议

- 建议搭配鲜面皮（▶ 见第268页）食用。
- 如果牛颊肉还有剩余，可以用来制作土豆泥焗牛肉。

经典白炖小牛肉

LA BLANQUETTE DE VEAU À L'ANCIENNE

6 人份

准备时间：**约1.5小时**
烹调时间：**2小时**

■ 原料

胡萝卜 3根
芹菜 3根
大葱 3根
巴黎蘑菇 6个
中等个头洋葱 3个
牛胸肉 1千克
盐 适量
胡椒粉 适量
食用油 适量
熏肉（猪胸肉）约150克
百里香 适量
月桂叶 适量

酱汁

黄油 100克
面粉 100克
鲜奶油 200毫升
柠檬 1/2个
蛋黄 15克（1/2个）

● 准备食材

1 将胡萝卜、芹菜、大葱洗净、切大块。蘑菇和洋葱洗净。

为什么？

不切蘑菇和洋葱是因为烹调完后还要将其取出，与白葡萄酒一起制作。

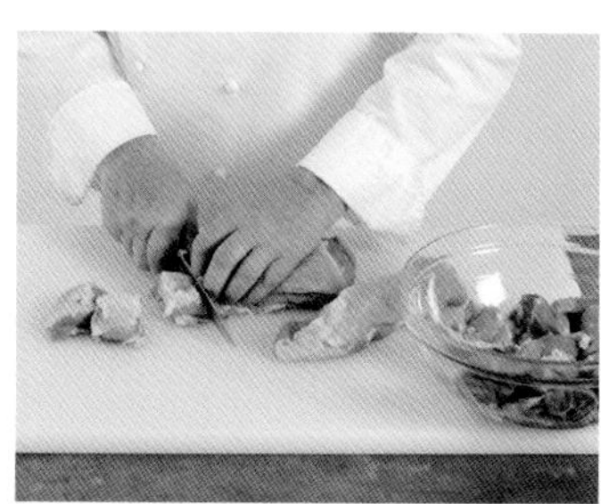

2 将牛胸肉切大块。

3 在平底煎锅中倒油，放入牛肉块煎炒，加入盐和胡椒粉调味。

4 将熏肉放入锅中煎制，加盐和胡椒粉调味。

5 将煎好的牛肉块和熏肉一起放入炖锅里，倒入凉水，煮沸。

6 煮沸后撇去浮沫和杂质，加盐。

为什么？

肉下水后会产生杂质，应去除。

7 将洋葱、胡萝卜、芹菜、大葱和蘑菇放到锅里。

8 撒一些百里香和月桂叶。

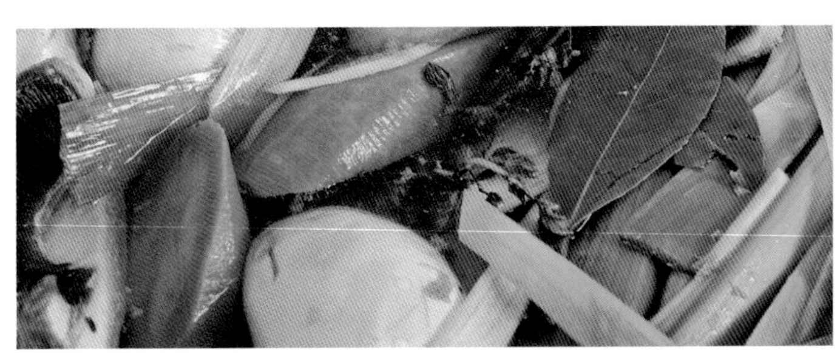

9 小火炖煮至少2小时，注意不要让汤溢出。

提示！

可以用刀尖扎一下肉，判断肉有没有煮好。

准备酱汁和制作

10 将所有蔬菜盛出。

11 将煮好的肉留在锅中，用保鲜膜封住，适当晾凉。

为什么?

如果将肉从还热着的肉汤里立刻盛出，肉质会变干。

12 准备一口锅，用黄油和面粉做白色芡料（▶ 见第344页）。

13 将已恢复至室温的肉汤一点点过滤到白色芡料中。

为什么?

芡料和肉汤的温差越大，配出的酱汁才不会产生小气泡。当然也可以用凉芡料和热肉汤来烹调酱汁。

14 酱汁中加入鲜奶油和柠檬汁。注意不要放太多的柠檬汁，以防口味过酸。

15 将肉放到盛酱汁的锅中，静置至少1小时。

为什么?

静置时间越长，越能使肉腌入味。

16 食用前将肉、蔬菜和酱汁一起倒入炖锅中加热。

17 将牛肉块、蔬菜和事先分成6块的熏肉盛盘。

18 将蛋黄倒入汤汁中。

19 将蛋黄和汤汁搅拌均匀，制成浓稠的汤汁。

注意!

汤汁既不能保存也不能加热，只能现吃现做。

20 将汤汁浇在牛肉块、熏肉和蔬菜上。

主厨建议

- 传统做法中，白炖肉要用凉水和大块生肉直接烹调。而按照这道菜谱制作，菜肴会更美味！虽然酱汁的颜色不够白，但是汤味更浓、肉质更烂。不过传统的做法也不能忘记。

- 白炖肉中选用的肉最好偏肥一点儿，比如可以选择牛胸肉、小牛腿肉。这些部分的肉没有肩膀部位的肉干柴。

- 可以提前准备配料，直到食用前一刻开始勾芡烹调。

- 可以搭配杂烩饭（见第272页）一起食用。

炖牛肉卷

LES PAUPIETTES DE VEAU BRAISÉES

6 人份

准备时间：**40～60分钟**
烹调时间：**30～40分钟**
静置时间：**10～15分钟**

工具

食品袋（或开口的袋子）
杵或搅拌器

■ 原料

小牛肉片（牛肩肉或肩下方的肉）6片
食用油 适量
盐 适量
胡椒粉 适量

配菜
洋葱 200克
胡萝卜 200克
蒜瓣 1个
蘑菇 100克
西红柿 1个（约100克）
白葡萄酒 100毫升
香草束 1捆
牛肉高汤 500毫升

馅料
去除脂肪的小牛肉 150克
牛奶 25毫升
面包块（白吐司或乡村面包）25克
鲜黄油 100克
盐 3克
埃斯佩莱特辣椒粉 1克
鸡蛋 1个
蛋黄 1个

准备牛肉

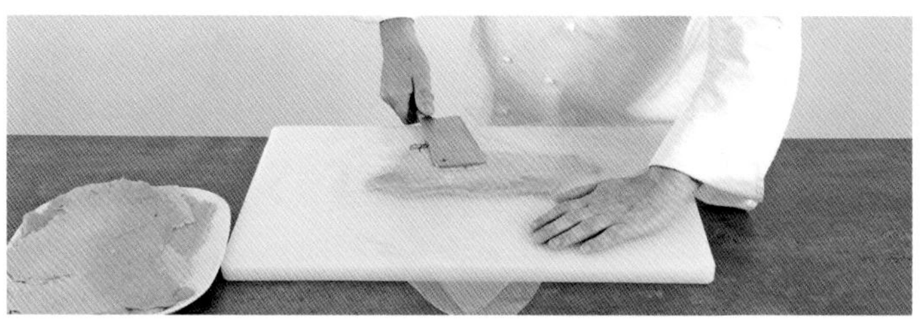

1 用刀背拍打小牛肉片，把中间部分拍平。

提示！
可以将牛肉片放入食品袋中，用长而扁的工具拍打。

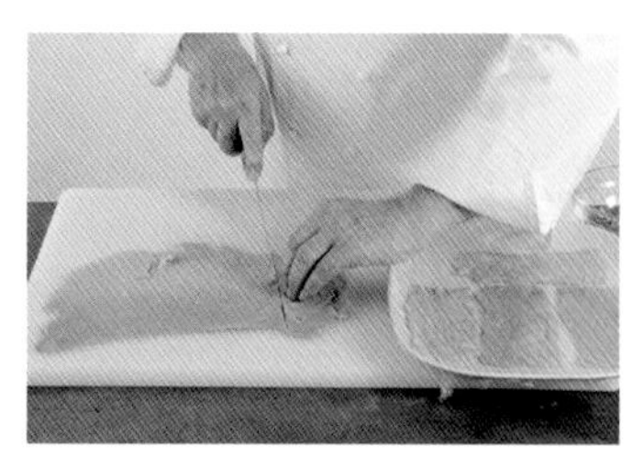

2 将牛肉片切成长10～12厘米、宽五六厘米的长方形。边角的牛肉可以留作他用。

准备配菜

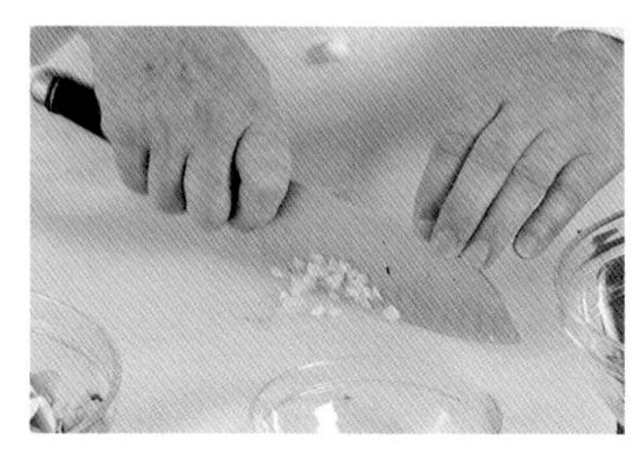

3 将洋葱、胡萝卜去皮，蒜瓣切碎。

4 将胡萝卜、蘑菇和洋葱切块（▶ 见第353页）。

5 西红柿洗净、切块。

准备馅料

6 用搅拌器或杵将小牛肉做成肉馅。

7 将煮沸的牛奶倒入面包块中，放入鲜黄油，做成面包汤。

8 将面包汤倒入牛肉馅中，继续搅拌。

9 将搅拌好的牛肉馅盛入碗中，加入盐和辣椒粉。

10 加入蛋黄和鸡蛋。

11 将肉馅涂在每一片牛肉上。

12 将涂好肉馅的牛肉片卷成牛肉卷，将两端不齐的部分切掉。

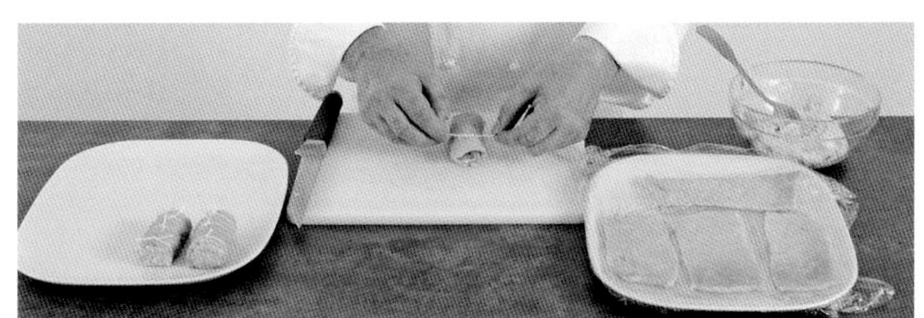

13 将牛肉卷用细绳绑起来。

提示！

牛肉卷要绑紧，以防在烹调过程中散开。

● 制作牛肉卷

14 在牛肉卷上均匀撒盐。

15 加热平底煎锅，倒油，油热后将牛肉卷放至锅中煎制。注意先煎牛肉卷收口的部分。

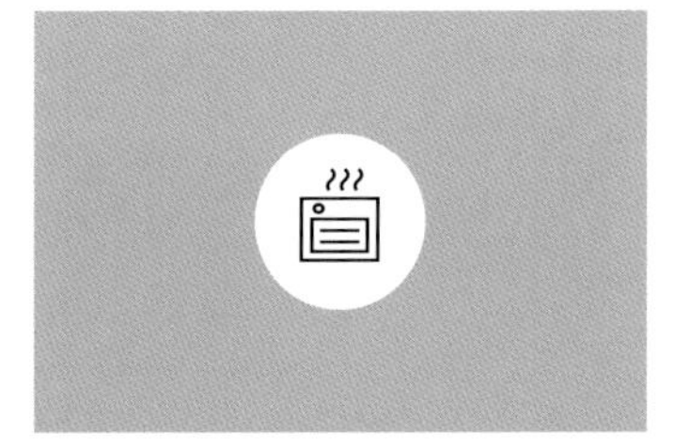

16 烤箱200℃预热，将洋葱块、蘑菇块和胡萝卜块烤至上色。

17 在烤好的蔬菜中倒入白葡萄酒。

18 加入蒜末、香草束（▶ 见第346页）和西红柿块。

19 将煎好的牛肉卷放到蔬菜上。

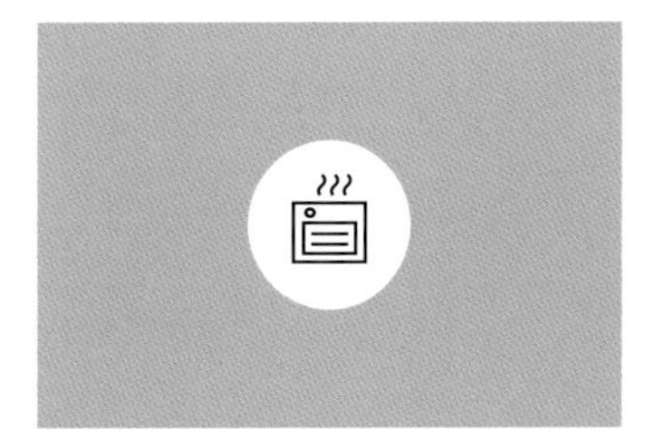

20 盖上烤盘盖，烤30～40分钟，每10分钟加一次水或牛肉高汤，并将牛肉卷翻面。

21 在烤盘中倒入100毫升牛肉高汤（▶ 见第362页）。

提示！

烤盘里必须时刻有汤汁，烘烤过程中需不时加入牛肉高汤。

22 牛肉卷烤好后取出，在烤架上静置10~15分钟，不时翻面。

23 将蔬菜和汤汁一起倒入炖锅。

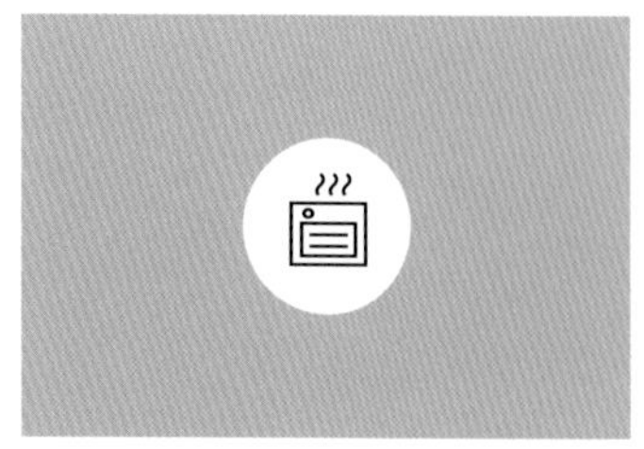

24 将蔬菜和汤汁炖煮片刻。

25 用斗笠状过滤器过滤炖锅中所有蔬菜，加入盐和胡椒粉调味。剪开牛肉卷上的细绳，和蔬菜一起盛盘，趁热食用。

提示!

如果切蔬菜时已经切成大小规则的块，则不用过滤网过滤。

主厨建议

- 一般来说，牛肉卷的形状取决于卷牛肉的工具大小，也可以根据自己喜好卷制。只要保证做出的牛肉卷大小相同、连接口粘紧即可。

- 注意绑细线时需要多绕两圈，这样烹调时线不易松开。

- 如果想要菜肴呈现出不同的口味，可以给馅料中加入蔬菜（如蘑菇、松露等）或水果（如李子干、苹果块等）。

蜂蜜炖小牛腿

LE JARRET DE VEAU CONFIT AU MIEL

6 人份

准备时间：**35～55分钟**
烹调时间：**2.5～3小时**

工具

细绳

■ 原料

牛腿肉（后腿肉）2根
胡萝卜 3根
巴黎蘑菇 10个
洋葱 2个
西红柿 500克
蒜瓣 3个
食用油 适量
面粉 50克
百里香 适量
月桂叶 适量
精盐或盖朗德海盐 适量
胡椒粉 适量
蜂蜜 80克
高汤或水 适量

● 准备食材

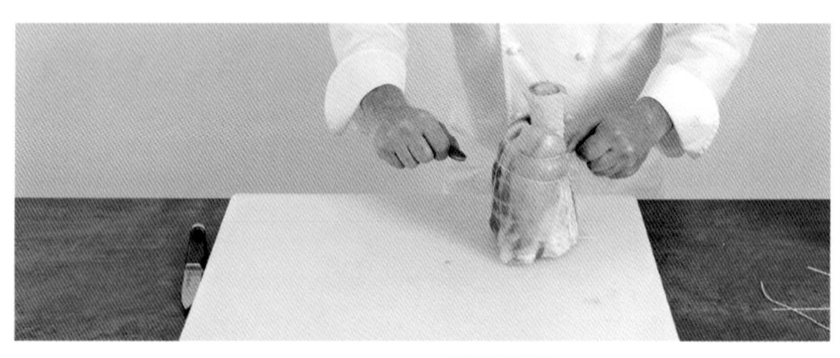

1 将牛腿肉洗净，剔除骨头上的筋膜，用细绳绑住牛腿，这样在烹调过程中肉能一直保持形状，不会散掉。

注意！

给牛腿绑绳是最重要的步骤，如果烹调过程中细绳松开，肉会散掉，只剩骨头。最好绑两次，也可以让卖家来绑。

2 将胡萝卜、蘑菇、洋葱、西红柿和蒜瓣去皮、洗净。将胡萝卜和蘑菇切块（见第353页）。

3 将洋葱切碎（见第347页）。

4 将蒜瓣切末。

5 将西红柿蒂去掉，切成4块。

制作牛腿

6 准备一口可以放进烤箱的炖锅，倒油，将牛腿肉放入锅中翻炒四五分钟，不停翻炒，以防煳锅。炒好后盛出。

7 将胡萝卜块、洋葱碎和蒜末倒入锅中，翻炒至颜色变棕。

8 倒入面粉勾芡，快速上色。

9 倒入蘑菇块、切块的西红柿、百里香和月桂叶。

10 加入精盐和胡椒粉，随后将牛腿肉放在蔬菜上。

11 倒入蜂蜜，加高汤或水。

12 将高汤倒满后，炖锅加盖放入烤箱，190℃烤制2.5小时。

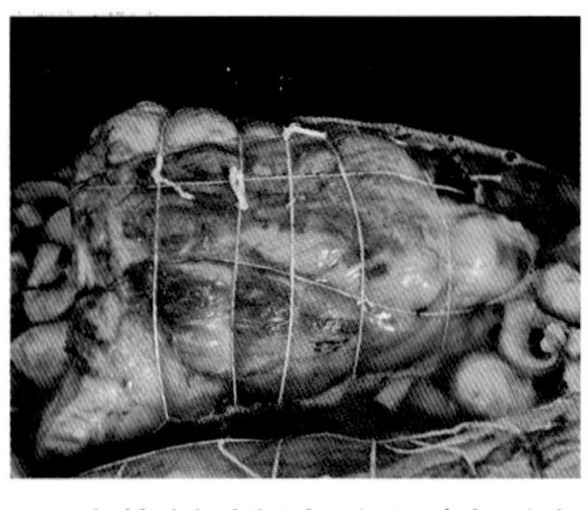

13 在烤制过程中需不时查看牛腿是否上色。

14 烤好后取出牛腿，沥干汤汁，剪断细绳。

15 将蔬菜和汤汁分离，过滤出汤汁。

16 用汤匙将汤汁中的油脂撇掉。

17 用斗笠状过滤器再过滤一遍。

18 将牛腿肉摆在盘子当中，浇上过滤后的汤汁。

主厨建议

- 这道菜选取牛后腿肉，因为后腿肉比前腿多且厚。可以让卖家帮忙选有三四厘米肥肉的后腿部位。
- 可以根据不同季节用不同的蔬菜或土豆泥（▶ 见第 256 页）搭配食用。搭配鲜面皮（▶ 见第 268 页）也同样美味。

胡萝卜炖牛排

LE CARRÉ DE VEAU AUX CAROTTES

6～8人份

准备时间：**45～60分钟**
静置时间：**30～40分钟**
烹调时间：**约1小时**

工具

剔骨刀
烘焙板

原料

牛排 1扇（约2千克）
洋葱 1个
胡萝卜 500克
蒜瓣 1个
西红柿 1个
盐 适量
食用油 适量
胡椒粉 适量
白葡萄酒 100毫升
香草束 1捆
橄榄油 适量
黄油 50克
牛肉高汤 500毫升
水 适量

准备牛排

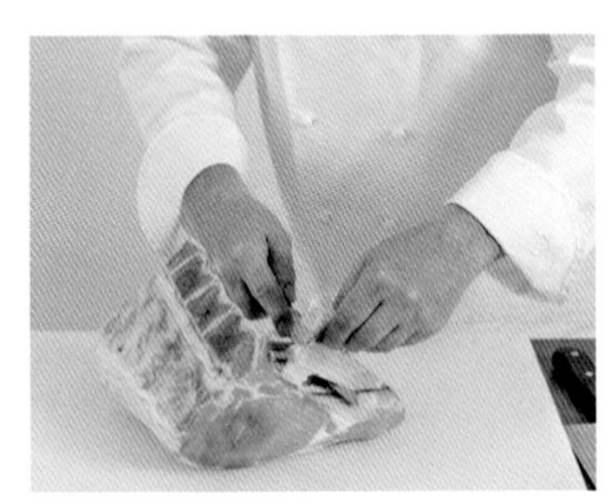

1 处理牛排（▶ 见第357页），去掉肥肉部分。

2 去掉肉筋，剔除骨头上多余的肉，备用。

提示！

也可购买已经处理好的牛排；可以向卖家要一些碎牛肉炖汤。

3 将剔下的肥肉切块，用来做高汤。

4 将牛排骨头顶部的肉剔除。

5 用细绳将牛排捆住（可以系2次，以防细绳在烹调过程中断裂）。

准备配菜

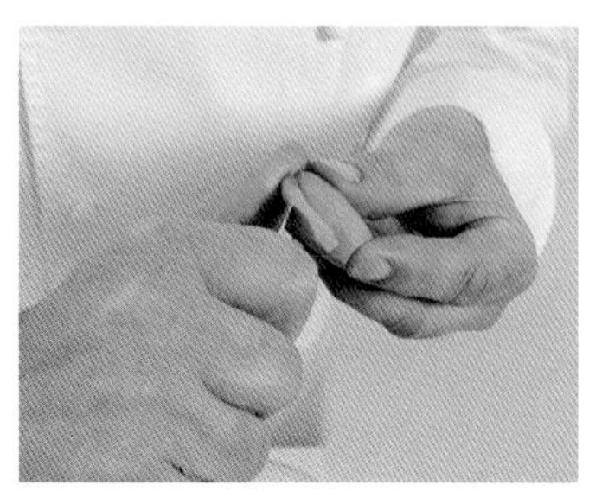

6 将洋葱、胡萝卜和蒜去皮。胡萝卜切小块，剩余的边角料剁碎。

7 将洋葱切块（▶ 见第353页）。

8 西红柿洗净、去蒂，但不要去子，然后切碎。

制作

9 给牛排的各个面撒大量的盐。

10 锅中倒油加热，放入牛排，大火煎10～12分钟。

为什么？

煎制的目的是为了给牛排上色，而不是做熟它。真正做熟牛排需要在烤箱中完成。也可提前15～30分钟进行这一步骤。

11 夹出牛排，备用。

12 将牛肉的边角料放进锅里，快速煎制。

13 加入盐和胡椒粉，然后将其放至烤箱中，200℃烘烤15～20分钟。上色并将油脂烤化。

14 将锅从烤箱中取出，倒入洋葱块和胡萝卜块，再煸炒一会儿。

为什么?

有人选择在烤箱中继续烘烤食材，这样上色的程度和牛肉基本一致。如果在炒锅上炒，牛肉底部会熟得更快。

15 倒白葡萄酒，收汁并增加料汁的香味。

16 蒜去芽，放入锅里。再加入香草束（▶ 见第346页）和切碎的西红柿。

17 在锅里放入牛排，盖上锅盖，炖煮50~60分钟。每隔10分钟加入水或高汤，并翻转牛排。

注意!

锅里必须一直有汤汁。炖肉期间可以分次加水。

18 炖肉的同时可准备另一口锅，倒入橄榄油和黄油，翻炒切成块的胡萝卜。

19 倒入2/3牛肉高汤（▶ 见第362页），没过胡萝卜。

20 加入水，撒盐，搅匀。

21 小火煮约25分钟。备用。

提示!

一般来说，当汤煮好时，胡萝卜也熟了。

22 牛排熟后夹出来放到烧烤架上。

23 静置牛排30～40分钟。

24 不停翻动牛排。

为什么?

不停翻动牛排可以使牛排上的汁液流动起来，均匀分布。

25 将剩余的牛肉高汤倒进炖菜锅里，再煮几分钟。

26 煮完后将蔬菜捞出，过滤，加适量的盐和胡椒粉调味。

切片和摆盘

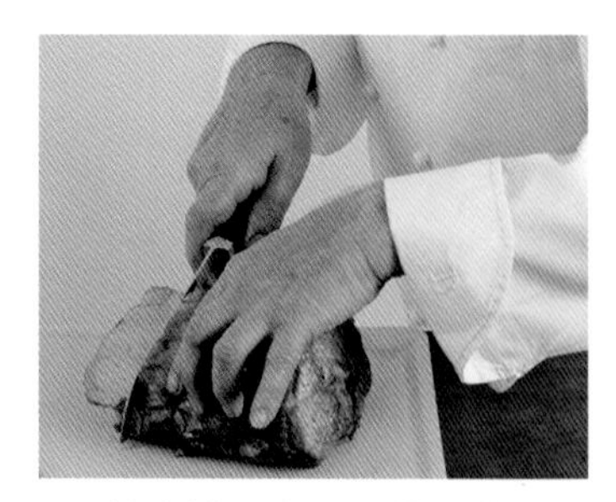

27 将牛排切片，配炖胡萝卜及汤汁一起食用。

主厨建议

- 牛肉的厚薄会影响口味，我更喜欢厚切牛肉。
- 不要在牛排刚出烤箱时切片，否则肉中的汁液和血水会蒸发，肉质会变柴。所以需要静置片刻，也可在食用之前回炉加热。
- 可将胡萝卜榨成泥，搭配牛排食用。
- 如果想用猪排代替牛排，烹调时间需要适当增加。

松脆牛胸腺

LES RIS DE VEAU CROUSTILLANTS

6 人份

准备和烹调时间：**55～75分钟**

■ 原料

牛胸腺肉 6块
盐 适量
百里香 适量
月桂叶 适量
柠檬 1/2个
面粉 适量
食用油 适量
黄油 100克
蒜瓣 适量
胡椒粉 适量
小牛高汤 500毫升

● 牛胸腺肉焯水

1 将已经清洗干净的牛胸腺肉浸泡在凉水中，撒少许盐。

提示！

可让卖家将牛胸腺肉处理好。如果未处理，需要自己将肉清洗干净，泡在清水中至少 4 小时（需要多次更换水）。

2 在水里加入百里香和月桂叶。

3 挤入柠檬汁。

4 将牛胸腺肉放入锅中煮十几分钟。

5 牛胸腺肉煮发白后，将其尽快从水中盛出。月桂叶和百里香拣出备用。

6 将牛胸腺肉表面剩余的小块皮撕掉。

提示！

将牛胸腺肉趁热盛出且尽快剥皮，可以避免肉吸收过量的水分。如果吸水过多，还需整晚沥干水分。

7 盘子上铺一层厨房餐巾，将牛胸腺肉放在餐巾里，裹住。

8 按压餐巾，挤出肉里多余的水分。

注意！

按压时力道不要过重，以免压坏牛肉。

制作牛胸腺肉

9 将牛胸腺肉从餐巾中取出，放在盘子里，撒上一层薄面粉。

10 平底煎锅中放油，将牛胸腺肉放入锅中煎制，使表面形成硬壳，撒盐调味。

11 煎几分钟后将牛胸腺肉盛出。

12 将煎锅里的油倒出。

13 重新将牛胸腺肉放入锅中，加入黄油和洗干净、压裂但没有剥皮的蒜瓣。

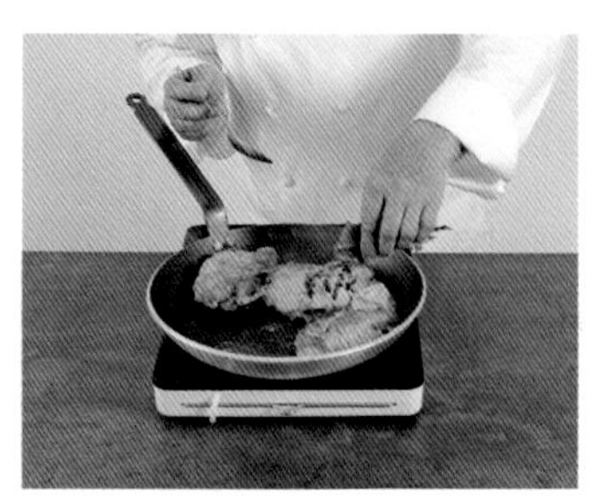

14 加入百里香和月桂叶。

15 不时将牛胸腺肉翻面，用黄油涂抹牛胸腺肉，两面煎至金黄色。

16 撒胡椒粉。胡椒粉不能提前撒，会在油里烧焦。

17 牛胸腺肉煎好、表面形成硬壳且上色后，在吸油纸上静置几分钟。最后浇上小牛高汤。

主厨建议

- 松脆牛胸腺是一道厨师可以熟练制作的菜。按照菜谱制作，口感一流且不会失败。买肉时要选择牛心肉，这个部分肉更嫩、筋更少，不要买牛喉肉，这个部位的肉质太紧。
- 可以用土豆或蔬菜搭配这道菜食用。在节日宴席上，也可以搭配松露。

羊肚菌炖牛胸腺

LES RIS DE VEAU AUX MORILLES

6 人份

准备和烹调时间：**1~1.5小时**

■ 原料

牛胸腺肉 4块
百里香 1枝
月桂叶 1片
柠檬 1/2个
蒜瓣 适量
羊肚菌 400克
小洋葱头 3个
食用油 适量
盐 适量
胡椒粉 适量
面粉 适量
黄油 80克
科涅克白兰地或阿马尼亚克烧酒 100毫升
牛肉高汤 500毫升
鲜奶油 150毫升

● 牛胸腺肉焯水

1 锅中盛满凉水，撒少许盐，将牛胸腺肉浸泡在水中。

提示！

卖家可预先处理好牛胸腺肉，如果没有处理的话，需要自己将表面的筋膜去掉，注意不要破坏肉质。然后将牛胸腺肉在清水里浸泡至少 4 小时（需要时常换水）。

2 水里放百里香和月桂叶。

3 挤入柠檬汁，放入压碎的蒜瓣。

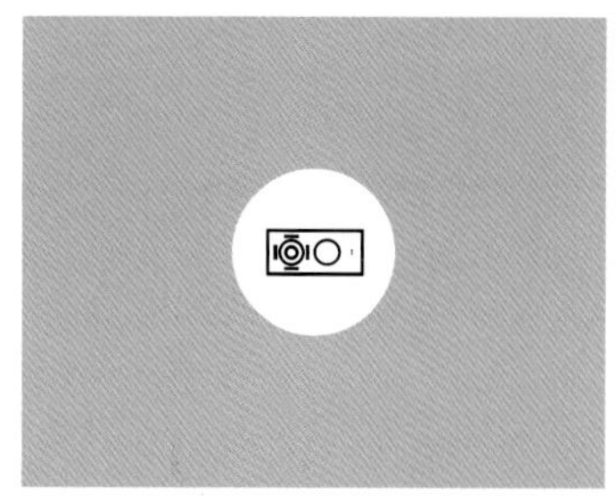

4 将牛胸腺肉煮十几分钟。

5 肉煮白后，立刻夹出。蒜瓣、百里香和月桂叶拣出备用。

6 牛胸腺肉不烫手时，轻轻将表面的皮和薄膜剥掉。

提示！

要趁热将肉取出、剥皮，这样肉不会吸收太多水分。如果已经吸水过多，需要整晚挤压并沥干水分。

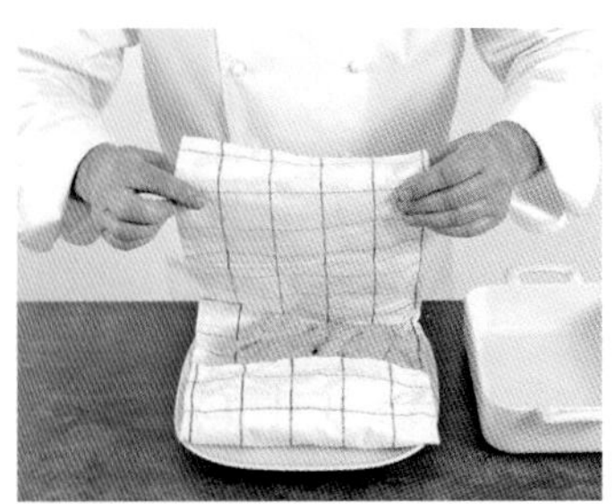

7 将牛胸腺肉用厨房餐巾包起来。

8 轻轻挤压出多余水分。

注意！

挤压力度不能过大，否则会破坏肉质。

准备其他食材

9 将羊肚菌的梗去掉，清洗干净。

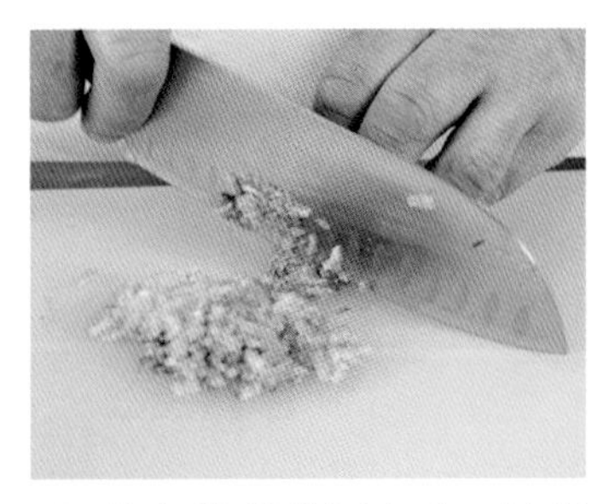

10 将小洋葱头切末（▶ 见第347页）。

11 锅中放少许油，翻炒洋葱末至轻微上色。

12 将洗净并沥干水分的羊肚菌下锅翻炒。

13 盖上锅盖，焖五六分钟。

14 将炒好的食材过滤，汤汁备用。

重点

▶ 注意！必须选择新鲜的羊肚菌，必须做熟后食用，因为羊肚菌有毒。在店铺里买到的脱水的羊肚菌是已经烹调好、做熟的。

● 制作牛胸腺肉

15 将牛胸腺肉切成厚3厘米的片。

16 撒盐和胡椒粉调味。

17 均匀地撒少许面粉。

18 炒锅中放油加热，将牛肉片煎至表面形成一层硬壳。

19 将炒出的油脂倒掉，再放入黄油。

20 加入百里香、月桂叶和蒜瓣，加入水或牛肉高汤，并翻炒牛肉片。

21 当肉表面均匀上色并且形成一层酥脆的硬壳时，盛出牛肉片，放在吸油纸上静置。将锅里的油脂倒掉。

22 再将牛肉片放入锅中。

23 将洋葱末和羊肚菌倒入锅中，翻炒。

24 倒入白兰地或烧酒，用喷枪快速加热。

25 倒入过滤后的炒羊肚菌汤汁。

26 加热并收汁。

27 倒入一些牛肉高汤，收汁。

28 加入鲜奶油勾芡。再放一次盐和胡椒粉调味。盛出羊肚菌，将牛肉片铺在羊肚菌上，浇上汤汁，即可食用。

主厨建议

- 羊肚菌炖牛胸腺是一道有一定难度的菜肴。这道菜肴也可以不将牛胸腺肉煎酥脆。最好选择新鲜的羊肚菌，如果没有，也可选择脱水的干羊肚菌。如果选择脱水的羊肚菌，可以将水发过程中沥出的汁水留用。
- 在宴会上可以用松露代替羊肚菌。
- 买肉时要买牛心肉，这个部分肉更嫩、筋更少，不要买牛喉肉，这个部位的肉质太紧。
- 就像所有需要奶油酱汁烹调的菜肴一样，这道菜也需要搭配清爽口感的配菜，如米饭、馅饼或蒸土豆。

慢炖羊腿

LE GIGOT DE SEPT HEURES

6 人份

准备时间：**45～75分钟**
烹调时间：**3～7小时**

工具

细绳

■ 原料

羊后腿 1条
胡萝卜 6根
新鲜西红柿 1千克
巴黎蘑菇 10个
洋葱 3个
芹菜 1段
大葱 5根
土豆 8个
蒜瓣 5个
柠檬 1个
食用油 100毫升
黄油 30克
盐 适量
胡椒粉 适量
面粉 50克
百里香 适量
月桂叶 适量
高汤 适量

● 加工羊腿

1 如果购买的是整条羊腿，需要从臀部切割。

2 去掉羊腿肉表面较厚的脂肪层。

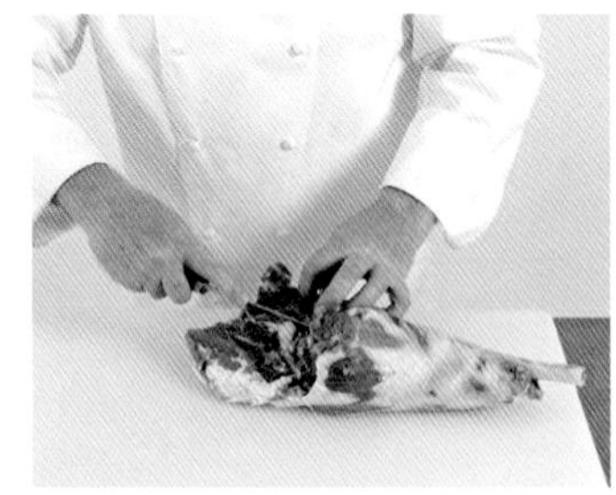

3 脱骨：沿着骨头的边缘切割。

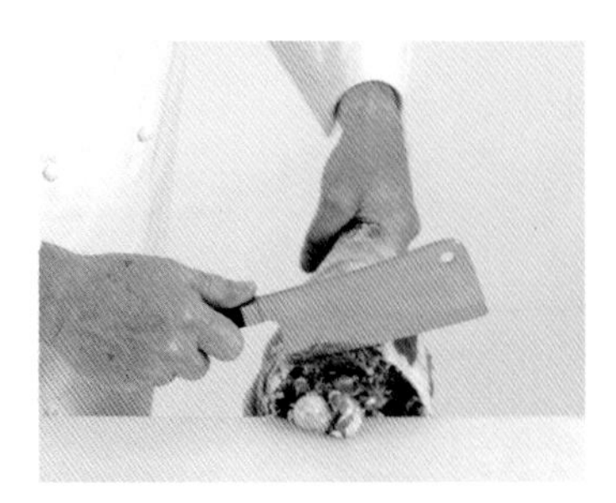

4 将骨头与肉分离。

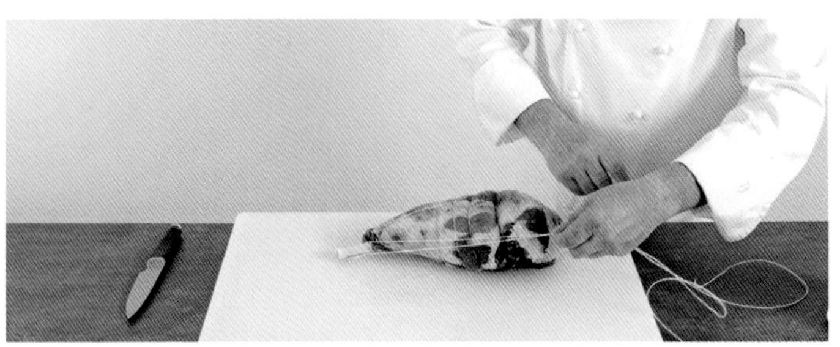

5 用细绳将羊腿绑成圆柱形。

为什么？

绑成圆柱形能确保细绳在烹调过程中不会松开。

重点

▶ 绑绳是烹调的重点。如果羊腿没有绑紧，羊肉在烹调过程中会从骨头上散开并脱落，菜肴就无法完成了。可以在购买羊腿时要求卖家用双层细绳将羊腿绑住。

● 准备蔬菜

6 将胡萝卜、西红柿、蘑菇、洋葱、芹菜、大葱、土豆和蒜瓣洗干净、去皮。

提示！

将削了皮的土豆浸泡在水中，以免表面氧化变黑。

7 将6个蘑菇旋转切出花纹，泡在柠檬汁中防止氧化变黑。

8 将胡萝卜、土豆、西红柿切块。

9 将芹菜和另外4个蘑菇切丁。

10 最后将大葱和洋葱切丁。

制作羊腿肉

11 炖锅中放食用油和黄油，羊腿表面撒盐和胡椒粉后入锅翻炒。

提示！
黄油能使羊腿快速上色，并且色泽鲜亮。

12 盛出羊腿，将胡萝卜块、土豆块倒入锅中。

13 将蒜瓣、洋葱丁、芹菜丁放进锅里翻炒至色泽微棕。

14 锅里撒入面粉勾芡。

15 快速翻炒，最后放入蘑菇丁、大葱丁、西红柿块、百里香和月桂叶。

16 撒盐和胡椒粉调味。

17 将羊腿放进锅里。

18 锅里倒入高汤或水。

19 炖锅盖上盖子，放入烤箱，190℃烘烤3小时。

20 烘烤完成前半小时，将土豆旋转削块。

21 准备一口小锅，不盖盖子，倒入少许高汤。

22 羊腿烤好后，将烤蔬菜盛出。

23 过滤汤汁。

24 挤压汤汁过滤。

摆盘

25 将羊腿上的细绳剪断，放在盘子中间，在四周摆一些胡萝卜、芹菜和土豆。

26 将汤汁浇在羊腿上。

提示!

如果汤汁不够浓稠，可以适当收汁。

27 最后在羊腿周围摆上蘑菇，即可食用。

主厨建议

- 羊腿是一道经典大菜。有人认为用羊后腿肉烹调这道菜稍显浪费，羊后腿肉只适合烤着食用。这种观点也许正确，但是会错过品尝美味的机会。

- 根据季节不同，可搭配不同的蔬菜食用，如水萝卜、洋姜或南瓜。也可用大头菜和圆白菜搭配食用。

- 客人较多时做这道菜是绝佳的选择，不仅可以提前准备，羊腿的温度也可以保持很久。

圆白菜塞肉

LE CHOU VERT FARCI

6 人份

准备时间：**1～1.5小时**
腌制时间：**6小时**
静置时间：**30分钟**
烹调时间：**2～2.5小时**

工具

绞肉机

■ 原料

圆白菜 1个
肥肉片 15片
高汤或白色高汤（有盐、无盐均可）2升

馅料
胡萝卜 2根
洋葱 2个
小洋葱头 6个
巴黎蘑菇 250克
喇叭菌 150克
猪膘（非熏肉）200克
小牛肩肉 200克
猪后颈肉 100克
蒜瓣 1个
香芹 1捆
食用油 适量
盐 适量
胡椒粉 适量
科涅克白兰地 15毫升

● 准备馅料

1 将胡萝卜、洋葱、小洋葱头、蘑菇和喇叭菌削皮、洗净。胡萝卜切丁（▶ 见第350页）。

2 将猪膘、小牛肩肉和猪后颈肉切成大块，放入冰箱轻微冷冻。

提示！

冷冻可以使肉质更易断裂，在绞肉时肉也更易搅拌均匀。

3 将小洋葱头和洋葱切碎（▶ 见第347页）。

4 将蘑菇和喇叭菌切碎，不用过细。

5 蒜瓣剥皮、切碎。

6 香芹洗净、切碎。

7 平底炒锅中倒入少许食用油，翻炒小洋葱头碎和洋葱碎，炒的过程中分次加入盐和胡椒粉。

8 倒入胡萝卜丁和蒜末，再撒一次盐和胡椒粉调味。

9 倒入蘑菇碎和喇叭菌碎。

10 翻炒几分钟即可，蘑菇失水过多，馅料会出水。

11 将蔬菜馅料盛出锅，室温晾凉。

12 绞肉机放中等滤网，将轻微冷冻的肉块全部放入绞肉机搅拌。

13 将肉馅、蔬菜馅料和香芹末倒入碗中。

14 加白兰地，搅拌均匀后腌制至少6小时。

浸泡圆白菜

15 去掉圆白菜第一层叶子和菜根，洗净。

16 将圆白菜浸泡在加盐的沸水中十分钟左右。

为什么?

这一步并不是必需的，但是浸泡能去除圆白菜的苦味，沸水能起到预烹调的作用。

准备圆白菜塞肉

17 铺一层棉纱布，将圆白菜一层层剥开，晾干水分，取出菜心。

18 用厨房纸巾吸干多余的水分。

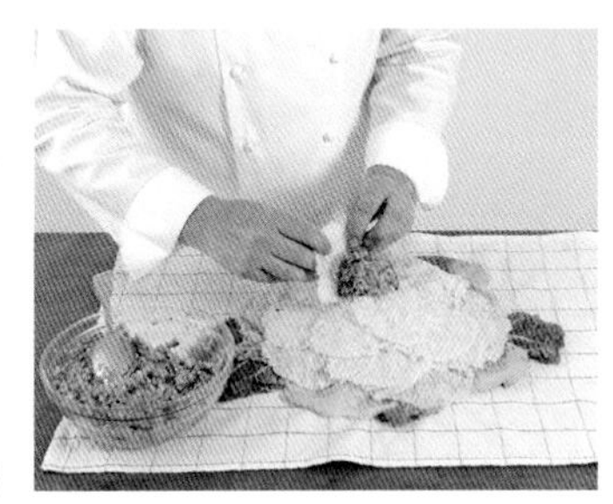

19 将馅料放进菜叶中心。

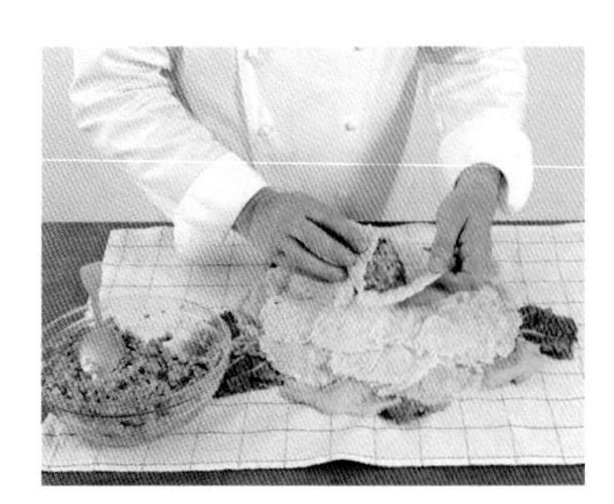

20 用一层圆白菜叶包住馅料，需包裹严密，呈球形。

21 再在这个球的周围放一层馅料，用外面一层圆白菜包住。

22 再将这层包严后，依次填馅料至最外层。

23 用棉纱布裹住圆白菜塞肉，卷成一个球形。

24 挤干圆白菜的水分。

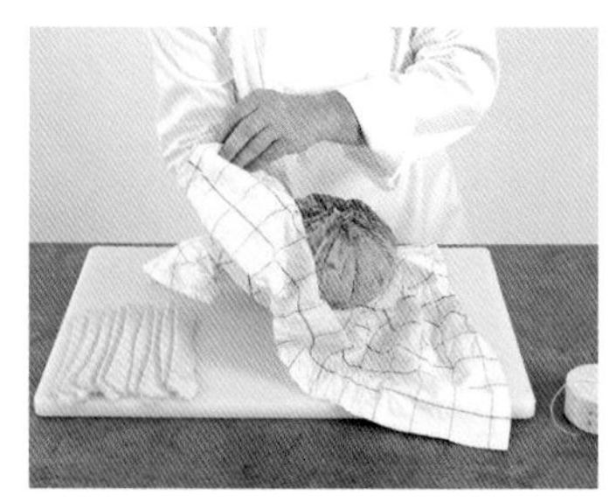

25 圆白菜成形、沥干水分后即可散开棉纱布。

26 用肥肉片包住圆白菜。

27 在肉片上绑上细绳，使圆白菜保持球形，不要散开。

● 制作和摆盘

28 将圆白菜放入炖锅里。

29 锅中倒入高汤。

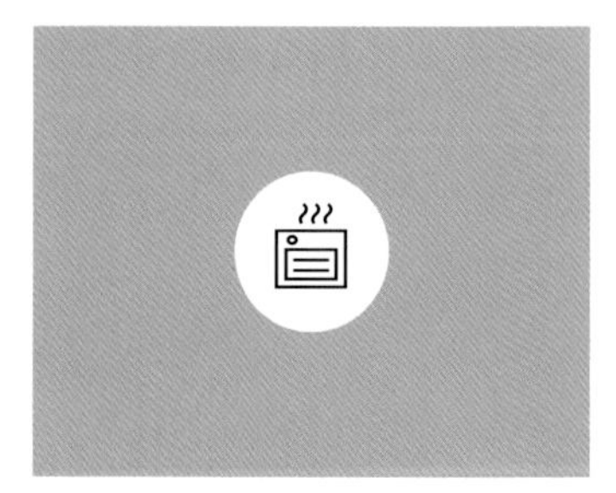

30 烤箱180℃预热，放入烤箱烘烤至少2小时。

31 烹调完成后，静置至少30分钟再摆盘。

32 将细绳剪开。

33 取下肉片，搭配汤汁食用。

主厨建议

- 可变换馅料中的肉来丰富口味，如小牛肉、牛肉、羊肉等。节日宴席上，可以给馅料中加一些松露，用肥肝代替肥膘。
- 这道菜也可做成肉冻，搭配酸辣酱（▶ 见第302页）冷食。

干果炖猪脊柱

L'ÉCHINE DE PORC CONFITE AUX FRUITS SECS

6 人份

准备时间：**25～35分钟**
腌制时间：**6～12小时**
烹调时间：**3小时**

■ 原料

胡萝卜 1根
洋葱 1个
蒜瓣 6个
普罗旺斯香草 适量
芥末 60克
去核李子干 100克
猪脊柱肉 1.8千克（1扇）
白葡萄酒 200毫升
水 少许
盐 适量
胡椒粉 适量
花生碎或盐焗腰果碎 50克

● 腌制

1 将胡萝卜和洋葱去皮、洗净、切丁。

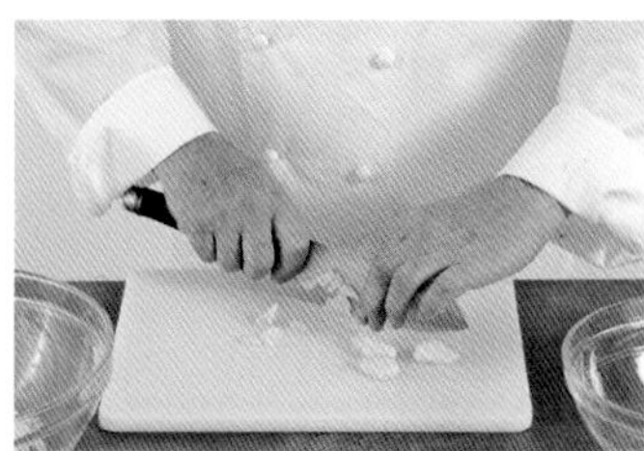

2 将蒜瓣切碎。

3 将胡萝卜丁、蒜末、洋葱丁放到沙拉碗中，加入普罗旺斯香草。

4 加入芥末。

5 放入去核李子干。

6 将猪脊柱肉放入腌料中，搅拌均匀。在冰箱中冷藏静置至少6小时，12小时最佳。

提示！

腌制和静置很重要。这两步能够巩固香味，增加肉质的柔软度。

制作

7 猪脊柱肉腌制好后，去掉猪肉上的蔬菜，将肉放在烧烤架上。

8 把蔬菜腌料放在烤盘中。

9 烤盘里倒入白葡萄酒和少许水。

10 将烤架放在烤盘上，猪脊柱肉加盐和胡椒粉调味。

11 将烤盘和烤架一起入烤箱，170～180℃烘烤3小时。每15分钟用烤盘里的汤汁涂抹猪脊柱肉，并分次少量加水。

提示！

如果猪肉上色过快，可以给烤架上盖一层铝纸，但不要全盖住。

重点

- 这个烹调方式不需煮肉，就能带来最美味的口感。烤盘必须时刻保持湿润，这样肉才能在蒸气的作用下变熟。
- 如果汤汁减少，可以加水，使肉的油脂在烹调过程中充沛。汤汁还能控制菜的温度。

摆盘

12 猪脊柱肉做好后，撒一些花生碎或盐焗腰果碎。

13 将烤盘里的蔬菜盛入盘中。

14 将猪脊柱肉和蔬菜摆盘，并且盛一些汤汁浇在菜和肉上（汤汁需撇掉油脂，不用过滤）。

主厨建议

- 烹调方法对于肉质的鲜美来说非常重要。也可以尝试用这份菜谱烹调其他的食材。
- 建议用杂烩饭（▶ 见第 272 页）搭配食用这道菜。

芥末猪面颊

LES JOUES DE PORC À LA MOUTARDE

6 人份

准备时间：**提前一晚30分钟+当天30分钟**
腌制时间：**12小时**
烹调时间：**至少2小时**

■ 原料

胡萝卜 2根
洋葱 3个
巴黎蘑菇 5个
芹菜 1段
蒜瓣 1个
猪面颊肉 1500克
盐 适量
胡椒粉 适量
食用油 适量
勃艮第白葡萄酒 1瓶
科涅克白兰地 100毫升
百里香 适量
月桂叶 适量
面粉 50克
棕色牛肉高汤或烤肉汁 适量
芥末酱 2汤匙
老式芥末 2汤匙

● 腌肉（前一晚）

1 将胡萝卜、洋葱、巴黎蘑菇和芹菜洗净、去皮、切块（▶ 见第353页）。

2 将蒜瓣压碎。

3 将猪面颊肉清理干净，去掉多余的皮和脂肪。

4 平底锅加热，放油，将猪面颊肉放入锅中，撒盐。像煎牛排一样煎制，直至表面煎出褐色，出锅后沥干油分。

为什么？

煎制保留了肉中大量的汁液，可以使味道更美味。

5 将胡萝卜块、洋葱块和芹菜块倒入炖锅中，翻炒至轻微上色。

6 最后放入蘑菇块，因为蘑菇渗出的汁水会阻碍其他蔬菜上色。撒盐和胡椒粉调味。

7 倒入半瓶白葡萄酒。

8 将猪面颊肉、蔬菜块和白葡萄酒倒入碗中。

9 将剩余的白葡萄酒、白兰地倒入碗中，加入百里香和月桂叶。

10 放入冰箱冷藏至少12小时。

● 制作（当天）

11 烤盘上撒上面粉。

12 将面粉放入烤箱，190℃烘烤。

13 将烤好的面粉倒在烘焙纸上，随后倒进碗里。

14 沥干猪面颊肉和蔬菜中的汤汁及油脂。

15 将蔬菜放入锅中。

16 在蔬菜上放猪面颊肉和烤面粉，搅拌均匀。

17 将汤汁倒进锅中。

18 将锅中的食材煮沸，同时可用喷枪加热上层的食材，最后撇去浮沫和杂质。

19 加入一些芥末酱。

20 用棕色牛肉高汤、烤肉汁或水淋在食材表面，适当摇匀。

21 盖上锅盖，放入烤箱。190℃烘烤2小时。

提示！

烹调过程中需不时查看，肉要一直浸在汤汁中，这样肉会鲜嫩可口，烹调完成后也易于处理。

摆盘

22 适当晾凉后将猪面颊肉盛出。

23 挤压蔬菜，过滤汤汁。

提示！

最好能够提前烹调，如果晚上享用，早上提前准备好。如果第二天享用，前一晚准备好。肉变凉后会加倍吸收汁液，味道更好。

24 如有必要，汤汁可以再加热。放入一些老式芥末，并适当加盐和胡椒粉调味。

25 将汤汁搅拌均匀，浇在肉上趁热食用。

主厨建议

- 腌制过程一般都是低温进行的，但是为了节约第二天的烹调时间，并追求更好的味道，建议腌制过程中可以加热。使用提前烹调好的食材可以让味道快速渗入其中。
- 加入老式芥末后，汤汁就不能再加热了，否则会破坏味道。
- 可以搭配土豆泥（▶ 见第 256 页）或鲜面皮（▶ 见第 268 页）一起食用。

蔬菜酿肉

LES PETITS LÉGUMES FARCIS

6 人份

准备时间：**1小时15分钟～1小时45分钟**

烹调时间：**10～12分钟**

原料

普罗旺斯迷你茄子 3根
普罗旺斯黄色圆西葫芦 3根
小西红柿 6个（约40克）
巴黎蘑菇（中等个头）6个
迷你长西葫芦 6根
橄榄油 适量
盐 适量

西红柿馅料

西红柿 8个
蒜瓣 2个
红洋葱 1个
小洋葱头 1个
橄榄油 适量
百里香、迷迭香 适量
绿罗勒 1/2捆
盐 适量
埃斯佩莱特辣椒粉 适量

混合蔬菜馅料

小西红柿馅料

小西红柿碎 150克（要有余量）
莫泽雷勒干酪 80克
盐 适量
埃斯佩莱特辣椒粉 适量

茄子馅料

茄子 1个
帕尔玛干酪碎 50克
盐 适量
胡椒粉 适量

圆西葫芦馅料

小牛肉馅 100克
牛肉馅 100克
黑橄榄调味料（橄榄、鳀鱼、橄榄油）适量
盐 适量
埃斯佩莱特辣椒粉 适量

蘑菇馅料

蘑菇（中等大小）3个
小洋葱头 1个
香芹 1/2捆
小牛肉碎 80克
牛肉碎 80克
盐 适量
胡椒粉 适量
松子 30克

长西葫芦馅料

西葫芦 150克
橄榄油 适量
盐 适量
山羊奶酪 80克
埃斯佩莱特辣椒粉 适量
罗勒叶 1/2捆

准备西红柿馅料

1 将西红柿用开水烫一下，然后去皮（▶ 见第349页）。

2 将西红柿切丁。

3 蒜瓣去皮、切碎，红洋葱和小洋葱头切碎（▶ 见第347页）。

4 平底煎锅中倒橄榄油，将洋葱碎、小洋葱头碎和蒜末翻炒上色。

5 倒入西红柿丁、百里香、迷迭香和绿罗勒。

提示!

可将所有的香草料绑在一起，方便取出。

6 撒盐和埃斯佩莱特辣椒粉。

7 盖上锅盖焖15~20分钟，注意不要煳锅。

8 炒熟后静置降温，随后加入罗勒叶碎末，搅拌均匀。

准备蔬菜容器

9 将所有准备做成容器的蔬菜（迷你茄子、黄色圆西葫芦、小西红柿、巴黎蘑菇、迷你长西葫芦）洗干净。迷你茄子去梗，清洗干净，切成两半。

10 黄色圆西葫芦清洗干净，去梗，切成两半。

11 迷你长西葫芦切掉顶端，切成两半。切掉的顶端备用。适当切掉根部，摆盘时更美观。

12 巴黎蘑菇去皮、去梗，只留蘑菇头。

13 小西红柿快速焯水，不要去梗。

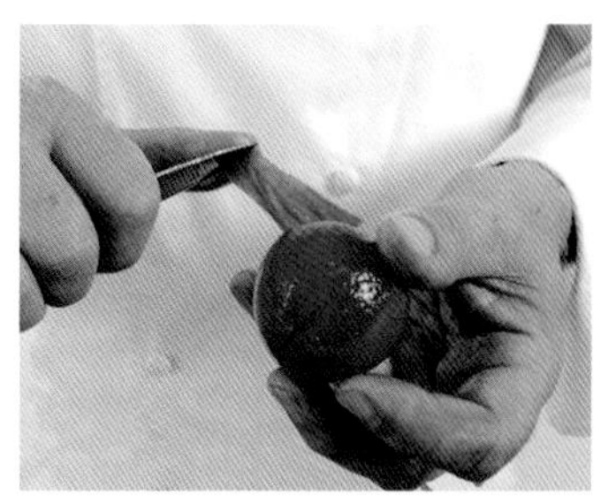

14 小西红柿去皮。

15 将除小西红柿外的所有蔬菜放置在烤盘里，淋上橄榄油，撒盐。

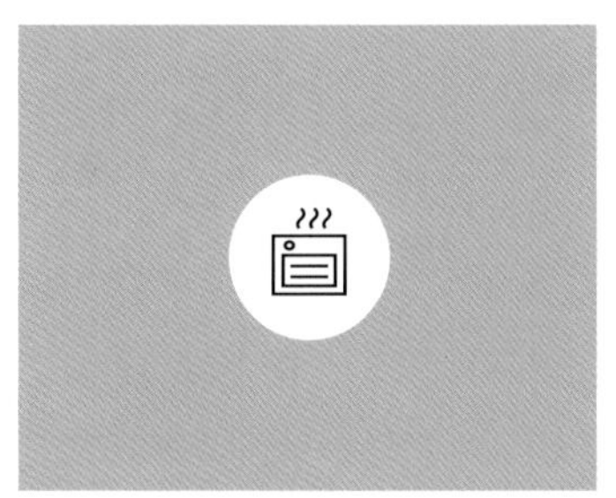

16 入烤箱，190℃烘烤6～12分钟。

17 烤好后挖出蔬菜中的部分果肉，便于塞入馅料。

塞西红柿

18 将小西红柿去蒂，用勺子挖掉部分果肉。

19 将莫泽雷勒干酪切成小丁，拌入西红柿馅料中，撒盐和埃斯佩莱特辣椒粉。

20 将搅拌好的西红柿馅料塞进小西红柿里，盖上切掉的蒂。

塞茄子

21 将茄子放进平底锅，铺烤架，在茄子表面烤出格子印，放橄榄油和盐。随后将茄子放入烤箱烘烤约30分钟。

22 挖出茄子肉。

23 将茄子肉和舀出的迷你茄子肉搅拌在一起，撒一些帕尔玛干酪碎。

24 加盐和胡椒粉。

25 将搅拌好的馅料塞进迷你茄子里。

塞圆西葫芦

26 将所有肉馅和切碎的圆西葫芦肉搅拌在一起。

27 加黑橄榄调味料，撒盐和辣椒粉，搅拌均匀。

28 将馅料塞进圆西葫芦里。

塞蘑菇

29 用蘑菇梗、蘑菇、小洋葱头和香芹做蘑菇糜（▶ 见第116～117页步骤1～8）。

30 待蘑菇糜恢复室温后，拌入小牛肉碎和牛肉碎。

31 撒盐和胡椒粉。

32 将搅拌均匀的馅料塞进蘑菇头里。

33 将松子撒在蘑菇头表面，装饰成刺猬状。

塞长西葫芦

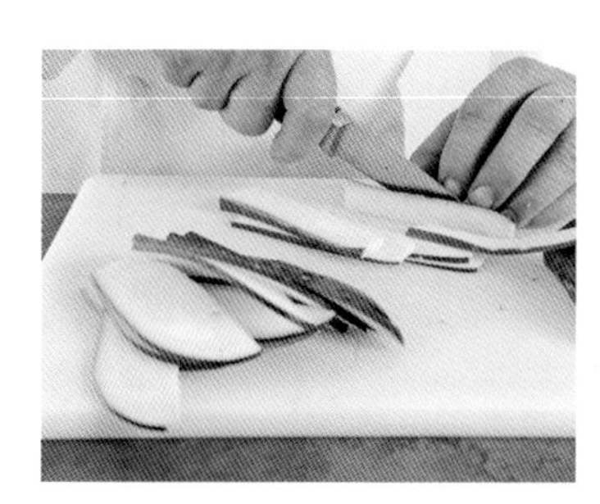

34 将西葫芦切成薄片。

35 平底炒锅中倒橄榄油，将西葫芦片倒进锅里翻炒，撒盐。

36 炒熟后盛出，切碎。

37 将山羊奶酪拌入西葫芦碎中。

38 加少许盐和辣椒粉，放切碎的罗勒叶。

39 将拌好的馅料塞进迷你长西葫芦里，盖上切开的另一半迷你长西葫芦。

● 烹调和摆盘

40 根据个人口味控制烘烤时间。将酿蘑菇、酿圆西葫芦放进烤箱，180℃烘烤5～10分钟。摆盘食用时，可以冷食西红柿，也可用烤箱烘烤两三分钟。

主厨建议

- 这道菜肴适合夏季冷食，作头盘或主菜均可。掌握了菜谱中的 5 种不同的蔬菜做法后，在此基础上，尽情发挥想象力，变换馅料的配料，可加入杏干或蜂蜜，使口味更加丰富。

蔬菜、谷物和面食

膨化土豆

LES POMMES SOUFFLÉES

6 人份

准备时间：**15分钟**

烹调时间：**15分钟**

工具

蔬菜切割器
温度计

原料

土豆 8个
食用油 2锅
盐 适量

准备土豆

1 土豆削皮，不要浪费，也不要留下刀痕。

2 不用将土豆浸泡在水里，用水冲洗即可。

提示！

选择颜色黄、质地厚实、个头大、斑点少的成熟土豆。

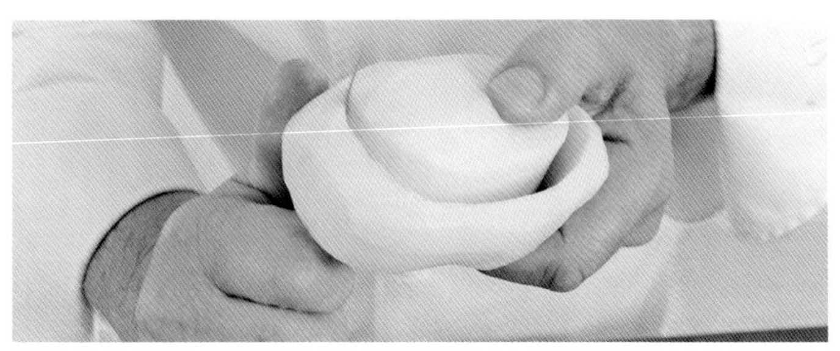

3 用刀将土豆削成平滑的椭圆形。

提示！

削掉的边角料可以制作土豆泥（▶ 见第 256 页）。

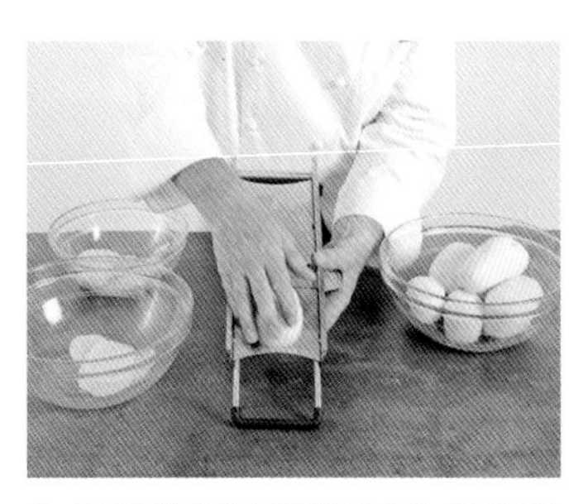

4 用蔬菜切割器削出厚4毫米的土豆片。

5 将土豆片洗净，用厨房用纸吸干水分。

6 第一锅油烧热到175℃，油温是能否做好膨化土豆的关键。同时将10片左右的土豆片放入油锅，抓住油锅边缘轻轻晃动，注意不要让油溅出来。

为什么？

土豆片之间轻轻碰撞能帮助土豆片膨起来。

制作

7 油炸几分钟后，土豆片会软化，但不会上色，将土豆片放入另一口油温190℃的油锅里。

8 土豆片会立刻膨胀。

重点

- 如果操作不熟练，同时烹调两锅热油是非常危险的。所以在油炸土豆片时需谨慎操作，一旦油温过高，立即关火，盖上锅盖。

9 将土豆片盛入盘子里，不要叠放。可以放好一层后，铺一层烘焙纸，再放另一层。

10 最后盖上一层餐巾，帮助保存土豆的水分。

11 上桌食用前再将土豆片放进油温190℃的锅里炸一两分钟，使其充分浸泡在油中，均匀上色。

12 出锅后在土豆片上撒盐。

13 将土豆片沥干油分后，铺在折好的餐巾上（见第372页）食用。

主厨建议

据说第一次制作出膨化土豆源于一次烹调失误。19 世纪上半叶，巴黎圣日耳曼昂莱铁路建成仪式上，主厨烹调肉片薯条这道菜时，提前将薯条炸好，但又接到通知，由于列车延误，宾客会晚到。于是主厨只得将薯条再次下油锅煎炸，没想到薯条膨起，产生了意想不到的效果。不管传说的真实与否，如果想要薯片在第一次油炸时就膨起，可以用 1/4 食用油混合 3/4 牛油脂肪进行烹调，这样薯片会变得格外美味。

爱丽舍宫苹果派

LES POMMES MOULÉES ÉLYSÉE

6 人份

准备时间：**45～60分钟**
烹调时间：**55分钟**
静置时间：**15分钟**

工具

夏洛特蛋糕模具

原料

淡黄油 200克
弗朗什-孔泰产干酪 250克
夏洛特土豆 12个（每个约220克）
盐 适量
胡椒粉 适量
肉豆蔻 适量

准备食材

1 澄清黄油（▶ 见第342页）。

2 干酪搓成丝。

3 土豆削皮、洗净。

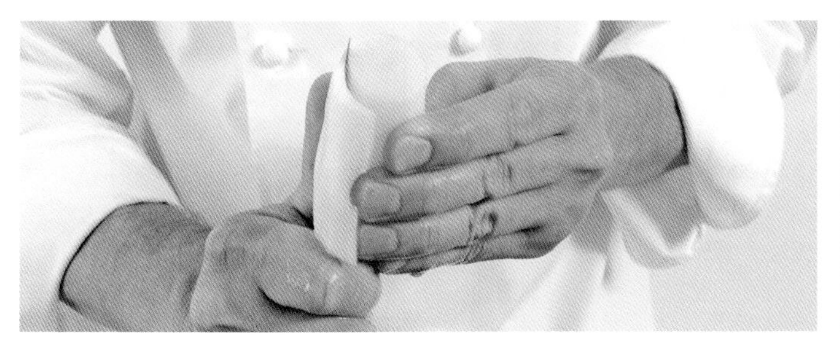

4 用刀将土豆削成圆柱形，切掉两端使其更加整齐。

提示！

削下的边角料可以制作其他菜肴，如土豆泥（见第256页）。

5 用蔬菜切割器将土豆削成厚4毫米的土豆片。

预制作

6 在沸水中撒盐，将土豆片放进水中煮四五分钟。

7 盛出土豆片并沥干水分。

为什么？

沥干水分能使淀粉溢出，增加土豆片的黏性。

8 将土豆片放在干净的餐巾上，静置使其冷却。

9 土豆片上撒盐、胡椒粉和肉豆蔻。

摆盘

10 用澄清后的黄油涂抹高9厘米、直径16厘米的夏洛特蛋糕模具。

11 将土豆片摆成花环形状。

12 花环空心处用一圈土豆片反方向填满。

13 在花环中心放一片土豆片。土豆片要摆放得紧密且没有空隙。

14 在外圈反向摆一层土豆片。

15 用第二个模具在土豆片上轻轻按压，使其形状保持整齐。

16 在土豆片上撒一层干酪丝，随后重复放土豆片层和干酪丝，直至填满模具。

提示！

这步操作最为重要，所以在摆盘过程中需要不停修正，否则会脱模，土豆层也会倒塌。

17 记住每摆放一层土豆片需变换方向，且要用土豆片盖住中心空缺部分，这样才能撑住整个造型。最后一层土豆片摆放好后不要按压。

18 将剩余的澄清黄油浇在最上面一层。

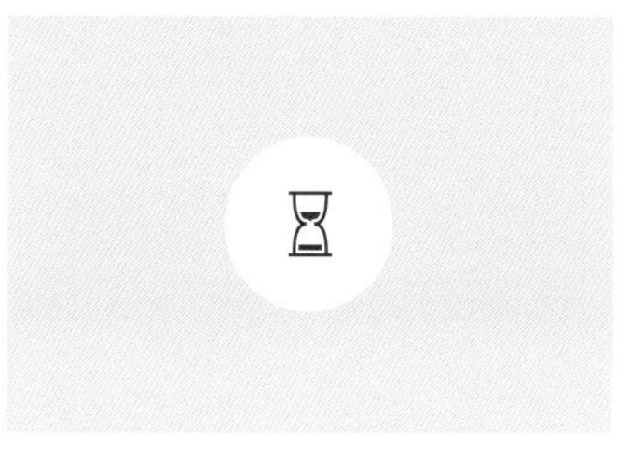

19 烹调前将土豆片在阴凉处静置。

制作

20 先将模具放在烤盘或炉灶上烤5分钟，随后放进已预热的烤箱中，200℃烘烤45分钟。

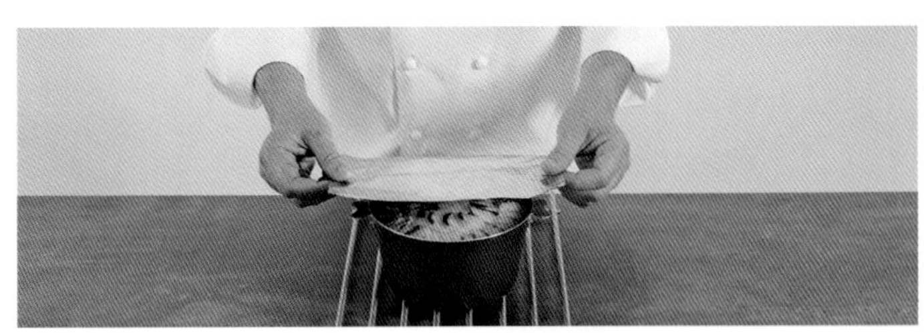

21 烘烤到一半时，给模具上覆盖一层铝纸。

为什么？

这样能防止土豆过热、过干。

22 烘烤完成后，静置约15分钟，用另一个模具轻轻按压。

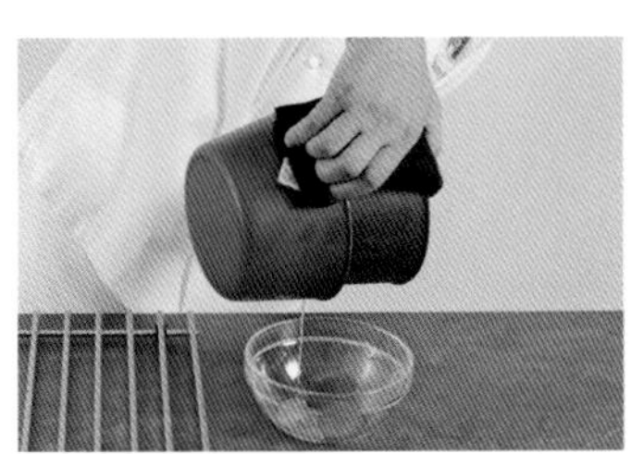

23 倒出多余的黄油，观察上色情况。

主厨建议

- 这道菜谱还有其他烹调方式。可以用其他的奶酪或胡萝卜条代替弗朗什－孔泰干酪丝和土豆片。
- 如果在土豆片中加入松露片，这道菜会更富有克雷西或阿基坦大区的萨尔拉戴兹风味。
- 最好用鱼或肉来搭配这道菜，当然也可以单独冷食或热食。

油炸土豆丸

LES POMMES DAUPHINES

6 人份

准备时间：**1小时**
烹调时间：**40分钟**

工具

筛子
软刮板
裱花嘴

原料

粗盐 适量
土豆 800克
盐 适量

鸡蛋松软面团

黄油 80克
水 250毫升
面粉 125克
鸡蛋 4个

准备土豆

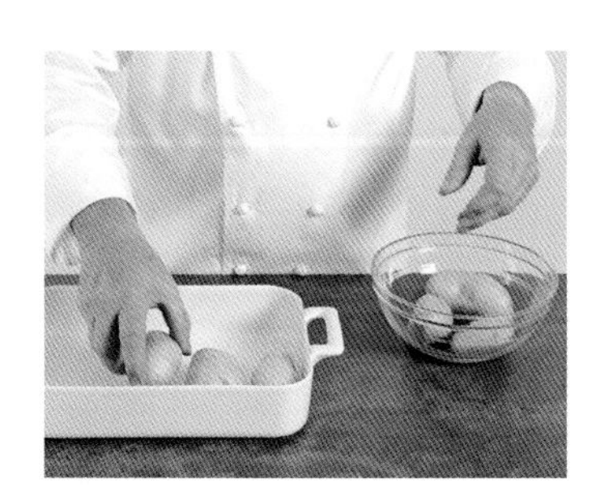

1 烤盘上铺一层粗盐，将洗净的土豆（不用削皮）放进烤盘中。

2 将土豆放入烤箱，190℃烘烤40分钟。

提示！

土豆烤好后，可以用刀轻松刺穿。

3 趁土豆还有余温，将土豆切成两半。

4 将土豆泥挖出，使其内部的蒸气挥发。

提示！

挖出的土豆泥可以一直放在烤箱口接受热气，土豆泥不能晾凉，摊得越分散，土豆泥中蒸气挥发的速度越快。

准备鸡蛋松软面团

5 将黄油和水放入锅中加热。

6 将锅从炉灶上拿开，倒入面粉。

7 重新放置于炉灶，将面粉、黄油和水混合。

8 继续搅拌，直至揉出一块筋道的面团。

9 将面团倒入沙拉碗中。

10 打入鸡蛋。

11 搅拌面团。

12 用筛子过滤土豆泥，过滤出的土豆泥直接与面团混合。此时面团也是热的。

注意！

仔细按压土豆泥，不要刮擦，否则土豆泥会搓成细条。

13 将土豆泥过滤后与面团搅拌均匀。

14 撒盐，容器上覆盖一层保鲜膜。

制作和摆盘

15 将土豆面团放进裱花袋里。

16 锅中倒油，烧至160~170℃，用湿润的刀切掉从裱花袋中挤出的土豆面团，做成每个直径两三厘米的土豆丸子，放到油锅中。不要过度挤压，在油炸时土豆丸子会膨胀，过度挤压会让丸子粘在一起。

提示！

也可用两只勺子加工土豆丸子。

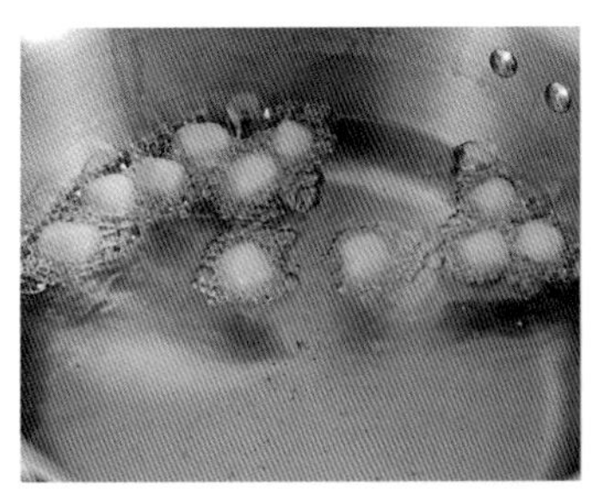

17 土豆丸子炸好后会浮到油锅表面，炸至上色即可。

18 沥干油分。

19 将土豆丸子放在折好的餐巾上吸油，随后在表面撒上一层盐。

主厨建议

- 不要选新土豆，尽量选老土豆，新土豆水分太大，质地软糯的宾什土豆为宜。
- 为了丰富菜肴的口味，还可以在面团中加入香草料，或黑橄榄丁和松露。如果用油炸土豆丸搭配鱼，还可以在土豆面团中加入烟熏三文鱼或鳀鱼糜。

土豆泥

LES POMMES PURÉE

6 人份

准备时间：**15～20分钟**
烹调时间：**20分钟**

工具

盐罐
筛子或捣菜泥器

原料

荷兰土豆 1.2千克
粗盐 适量
黄油 300克
全脂牛奶 200毫升

准备土豆

1 将土豆削皮，清洗干净，浸泡在水中片刻，不要太久。

2 将土豆切成大块。

提示！

不要将土豆块切得太小，否则会吸过多水。

制作土豆泥

3 在一锅凉水中撒粗盐，将土豆块放入水中，煮约20分钟，使土豆块软化。

提示！

为避免土豆吸水过多，建议用大火煮至土豆软化。炉温需一直保持高温。

4 煮土豆的过程中，用刀尖刺土豆，看是否煮熟。煮熟后沥干水分。

5 将土豆放在漏勺里，等水分蒸发后，放入沙拉碗中或捣菜泥器里。

为什么？

静置土豆使水分蒸发，之后的烹调过程就不用再沥干水分了。

6 挤压土豆。

提示！

挤压土豆，增加土豆泥的黏性。

7 土豆泥做好后，用抹刀加入黄油。

8 将牛奶加热后倒入土豆泥中。

9 如有需要，可再加一次盐。

10 搅拌土豆泥，直到土豆泥变黏稠。

主厨建议

- 烹调这道菜时，最好选择绵软的土豆，即老土豆，老土豆便于烹调。
- 土豆泥如搭配有酱汁的菜，可以加入少量牛奶。如果搭配烤鱼，质地需更清爽，需加入更多牛奶。
- 可以以本菜谱为基础，发挥想象力为这道菜增添不同的口味，如加入香草、香料甚至蔬菜。
- 土豆泥无法长久保存，也不能回炉再加热。

奶油焗土豆

LE GRATIN DAUPHINOIS

6人份

准备时间：**45～60分钟**
烹调时间：**5～10分钟**

工具

蔬菜切割器

原料

土豆 1.5千克
蒜末 5克
盐 15克
胡椒粉 适量
肉豆蔻粉 2克
牛奶 500毫升
液体奶油 500毫升
黄油 适量
格鲁耶尔产干酪丝 125克

准备土豆

1 土豆削皮、洗净、浸泡片刻，时间不宜过长。

提示！

选择质地紧实、个头较大的土豆，以宾什土豆为佳。

2 土豆切片。

3 注意土豆片的大小要规则，最好保持一致，厚度不做要求。

注意！

不要将切片的土豆浸水，淀粉可以增加土豆片的黏性。

制作

4 将土豆片和蒜末倒进锅中。

提示！

切蒜末前，将芽去掉有助于调味。如不去芽，菜便会发苦。

5 撒盐、胡椒粉和肉豆蔻粉。

6 倒入液体奶油和牛奶，搅拌均匀，煮沸。

7 煮15～20分钟，轻轻晃锅，不要把土豆片弄碎，也不要让土豆片粘锅底。

8 用刷子给烤盘涂上黄油。

9 盛出土豆片，沥干后放进烤盘。

10 将牛奶和奶油的混合物收汁。

提示！

为了煮出浓稠的奶油汁，收汁时要轻轻摇晃，减少结块。

11 奶油汁变浓稠后，浇在土豆片上，轻轻晃动烤盘。

12 将干酪丝撒在土豆片上。

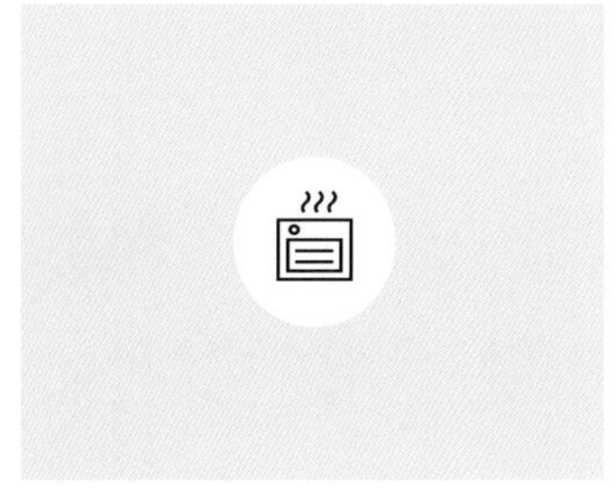

13 将土豆片放入烤箱，180℃烤熟。

主厨建议

- 土豆片凉后可以切开，放回烤箱重新加热。
- 在经典的烹调方式中，焖土豆需要 45 分钟，还可在其中加入蛋黄。

意式焗土豆丸子

LES GNOCCHIS DE POMMES DE TERRE GRATINÉS

6 人份

准备时间：**20分钟**
烹调时间：**30分钟**

工具

蔬菜搅拌机

原料

土豆 600克
帕尔玛干酪丝 80克
面粉 80克
蛋黄 2个
盐 适量
胡椒粉 适量
橄榄油 适量
黄油 30克

准备土豆

1 土豆削皮、洗净、浸泡片刻，时间不要过长。

提示！

最好选择质地紧实、绵软的老土豆，宾什土豆为佳。

2 将土豆切成大块。

3 用烤箱烘烤土豆，或者用烹调古斯古斯的平底锅蒸。

4 土豆蒸好后，放在烤箱静置片刻，使土豆水分进一步蒸发、干燥。

为什么？

这一步是为了蒸发水分，土豆可以带皮、撒一点儿盐在烤箱里烘烤，或者选择更专业的做法：用红外线灯烘烤。

5 将土豆放进蔬菜搅拌机搅拌成细腻的土豆泥。可以选择较细的滤网，这样能压出质地绵密的土豆泥。

6 土豆泥中加入帕尔玛干酪丝和面粉。

7 最后加入蛋黄，用力搅拌均匀，再撒入盐和胡椒粉调味。

重点

- 如果想赋予土豆丸子更多风味，在搅拌面团这一步可加入香料、咖喱、香草。
- 如果在节日烹调这道菜肴，可在面团中加入松露末；如果搭配鱼，则可在面团中加入橄榄末。

准备土豆丸子

8 在砧板上撒一层面粉。

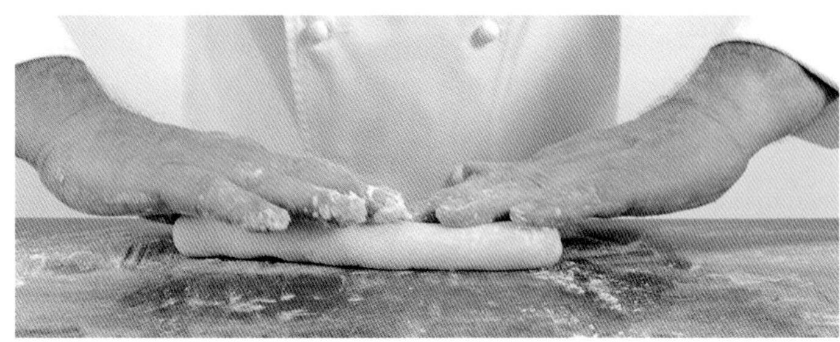

9 将土豆泥搓成均匀的条，不要太过用力。

提示！

揉搓土豆泥时手上可以放些面粉。

10 将搓好的土豆条放在烘焙纸上。

11 将土豆条切成规则的小块。

12 用叉子背面在土豆丸子上轻轻按压，不要太用力，以免压坏土豆丸子。

制作

13 在开水中撒盐，将土豆丸子放进锅里。

14 当土豆丸子煮好并浮至水面后，盛出。

15 将盛出的土豆丸子在冰水中浸泡数秒。

16 将冰镇后的土豆丸子盛出，沥干水分。

17 在土豆丸子上淋些许橄榄油，防止其变干或粘在一起。

提示！

这些准备工作可以提前几小时完成。

18 食用前将黄油放入锅里化开，待黄油变成金黄色时，放入土豆丸子。

19 将土豆丸子在锅里翻炒，注意不要将其弄碎，上色后即可出锅食用。

主厨建议

- 如果这道菜搭配其他菜肴食用，建议回炉加热并撒一些帕尔玛干酪丝。
- 如果单独食用，可以放火腿丁或西班牙辣味香肠丁。

鲜面皮

LES PÂTES FRAÎCHES

6 人份

准备时间：**15分钟**
静置时间：**30分钟～2小时**

工具

搅拌机（非必需）
压面机

原料

面粉 500克
鸡蛋 6个
盐 15克
橄榄油 适量

准备面团

1 将过筛的面粉倒入碗中或搅拌机中。

2 将鸡蛋倒入面粉中。

3 加入盐。

4 倒入橄榄油。

5 搅拌均匀后将面团取出，放在砧板上。

6 将面团揉搓2次。

制作

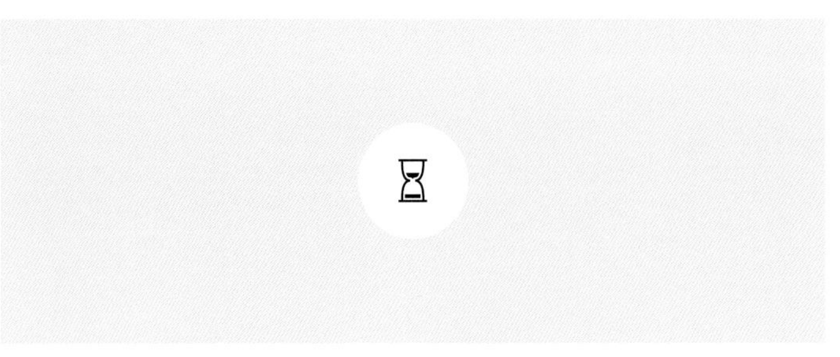

7 烹调前，将面团静置30分钟至2小时。

为什么？

所有食材的温度都应保持一致，即室温。所以静置食材是必要的步骤，但静置时间不宜过长，否则黏性会增加。

8 将面团分几块放进压面机，压出需要的厚度。

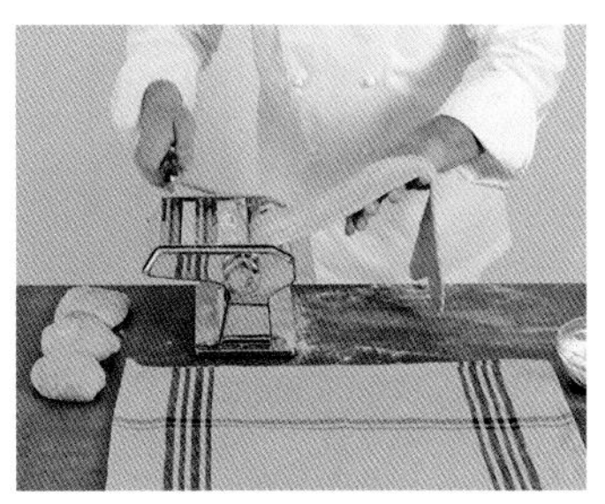

9 可以在面皮上撒一层面粉，防止粘连，然后放进压面机反复压几次。

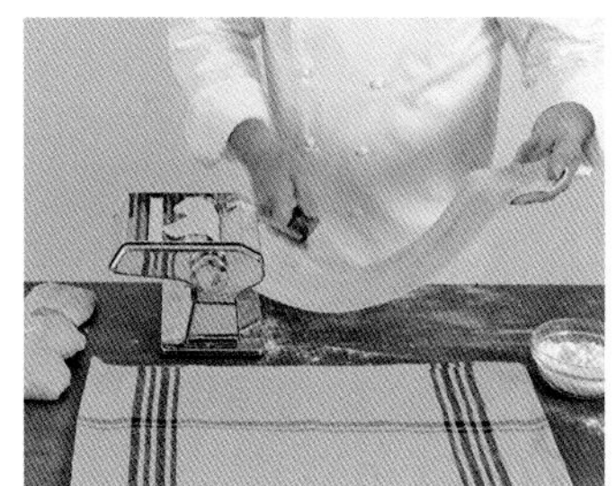

10 压出光滑的面皮。

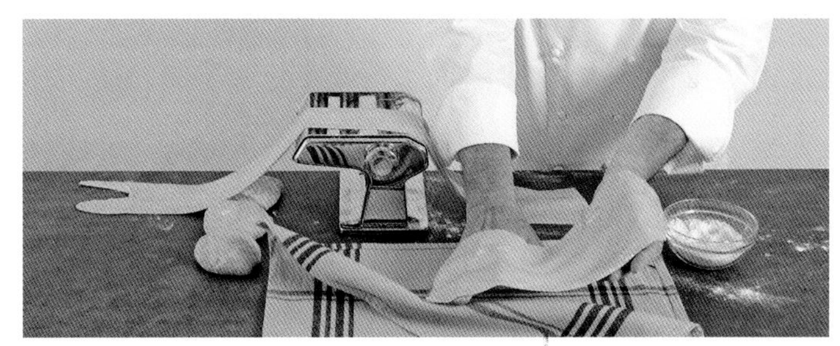

11 将面皮切断并擀薄，放在餐巾上，随后继续压其他面皮。

提示！

可以用烘焙纸将每一层面皮分隔开放置。

12 将擀薄的面皮切成长条，放在砧板上。

13 如果有需要，可将面皮反复压数次。

提示！

面皮切好后，需尽快烹调。新鲜是这道菜肴的核心。

主厨建议

- 将面皮切成长条后可撒入调料。如果想让面皮味道更好，可以加入一些藏红花、干蔬菜粉或墨鱼汁。
- 压面机压好面皮后，即可烹调。也可晾干、冷藏后食用。

杂烩饭

LE RIZ PILAF

6 人份

准备时间：**15分钟**
烹调时间：**17分钟**

原料

洋葱 3个
食用油 适量
黄油 125克
盐 适量
长粒米 400克
家禽高汤 600毫升
百里香 适量
月桂叶 适量

准备米饭

1 将洋葱切碎（▶ 见第347页）。

2 根据客人数准备一口锅，开小火，倒入食用油和50克黄油，放入洋葱碎翻炒，不需上色。

3 撒盐调味。

4 当洋葱炒至透明时，倒入长粒米，炒至长粒米泛珠光，变透明。

5 再次撒盐。

6 倒入家禽高汤。

7 加入百里香和月桂叶制成的香草束（▶ 见第346页）。

8 将汤煮至沸腾，如有必要，可再次撒盐，盖上锅盖。

9 将锅放入烤箱，180℃烘烤17分钟。

10 烤好后将剩余黄油切成小块倒入锅里，等待五六分钟，让黄油渗进米饭中。

11 将香草束从锅里取出，再用分离器将米粒分开，防止粘连。如有需要可以再加一次盐。

主厨建议

- 米饭最好不要放在冰箱里，以防变硬。如果准备在晚餐时烹调，可以提前至早晨准备食材，食用前回炉加热即可。

- 杂烩饭，也称肉饭，最好搭配酱汁，和鱼肉、家禽肉或猪肉一起食用。也可以根据搭配的菜肴，适当改动这道菜谱。如搭配鱼肉，可将高汤换成鱼汤。素食者的米饭中可不加入高汤，换成蔬菜汤即可。

- 还可以根据喜好加入不同配料，但要在烘烤完毕后加入。

松脆玉米球

LA POLENTA CROUSTILLANTE

准备和烹调时间：**1小时30分钟**
静置时间：**1～2小时**

工具

烘焙框

原料

洋葱 80克
黄油 50克
白色家禽高汤 750毫升
玉米粉 250克
帕尔马干酪丝 100克
盐 10克
胡椒粉 适量
食用油 适量
面粉 适量
鸡蛋 2个
面包粉 150克
澄清黄油 适量

制作玉米糊

1 将洋葱切碎（▶ 见第347页）。

2 锅中加入20克黄油，倒入洋葱碎翻炒五六分钟。

提示！
待黄油完全化开后，再加洋葱碎。

3 倒入白色家禽高汤（▶ 见第364页），煮至沸腾，将玉米粉倒入锅中，一边倒，一边搅拌均匀。

提示！
不论放入多少玉米粉，都要倒入其三倍量的白色家禽高汤。

4 搅拌均匀后，开小火煮45分钟，过程中需不停晃动。

重点

- 玉米粉会变浓稠并融为一体，锅内壁黏着的玉米粉经摇晃会慢慢脱落。
- 如果能买到玉米糊半成品，烹调这道菜用时会更短，也不需要准备太多白色高汤。

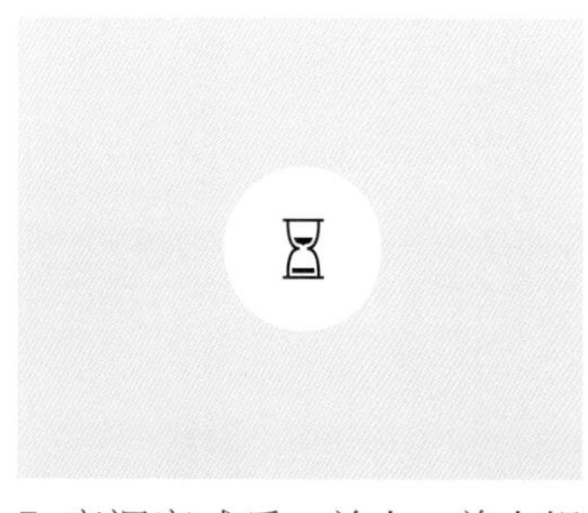

5 烹调完成后，关火，盖上锅盖闷10分钟，使玉米糊更黏稠。

6 加入帕尔马干酪丝及剩余的30克黄油，撒入盐和胡椒粉。

7 烤盘上铺一层烘焙纸，放烘焙框，烘焙框内壁和烘焙纸上都涂抹食用油。烘焙框用来盛放玉米糊。

8 将玉米糊均匀地倒在烘焙框里。

9 在不锈钢抹刀表面涂上食用油，抹平玉米糊，注意不要留空隙。

10 在表面覆盖一层保鲜膜，露出边角的缝隙，便于释放烘烤所产生的蒸气。放入冰箱冷藏一两个小时。

摆盘

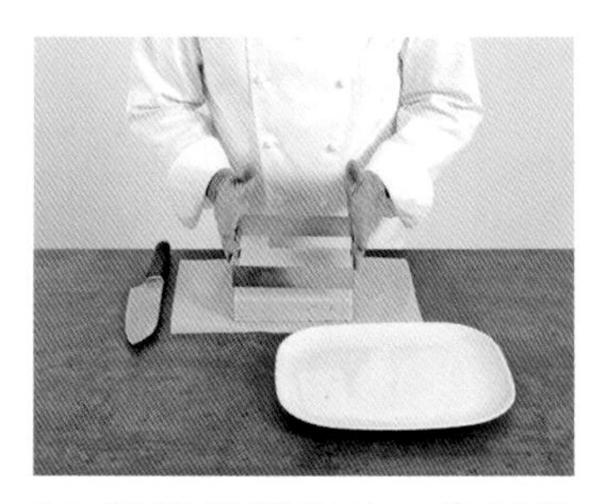

11 将玉米糊取出，拿开烘焙框。

12 将凝固的玉米糊按喜好切成小块，圆形、三角形、条形等皆可。

13 将玉米块按英式撒面包粉法操作：先轻撒一层面粉，再在面粉里蘸一次。

14 将鸡蛋打匀，玉米块放入蛋液中。

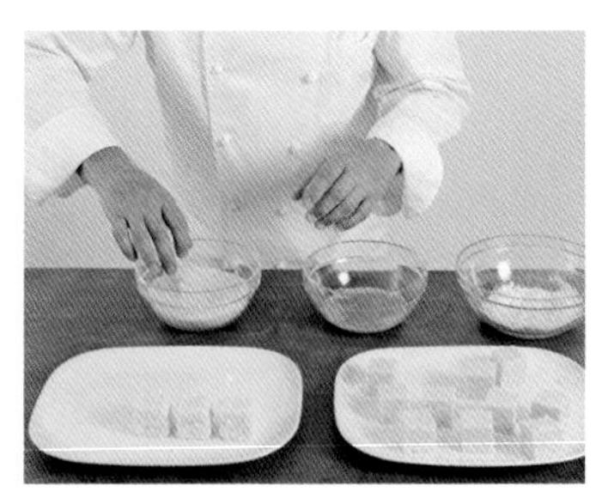

15 将玉米块迅速在面包粉里滚一圈。

16 准备平底煎锅，放入澄清黄油，将玉米块煎炸至上色，即可食用。

主厨建议

- 可不完全按照菜谱制作玉米糊，可适量加入一些香料、葡萄、橄榄罗勒西红柿混合料汁。
- 这道菜是佐餐佳品，如准备鸡尾酒宴，则可制作成迷你版，方便食用。
- 可不蘸面包粉，改用香草料面包粉。

酥炸腌蔬菜球

LES ACCRAS DE LÉGUMES

6 人份

准备时间：**20～40分钟**
静置时间：**30分钟～2小时**
烹调时间：**5分钟**

工具

蔬果切割器（非必需）

原料

小西葫芦 300克
胡萝卜 300克
香葱 3捆
新鲜辣椒 1个
青柠檬 1个
蒜末 15克
香芹末 15克
百里香末 2克
芹菜盐 适量
胡椒粉 适量
蛋黄 4个
面粉 250克
酵母 6克
牛奶 300毫升
蛋清 2个

准备

1 将小西葫芦和胡萝卜擦成丝。

提示！

最好将小西葫芦的心取出，因为心的含水量较大。擦丝时注意不要擦太长，两三厘米即可。

2 香葱切小段。

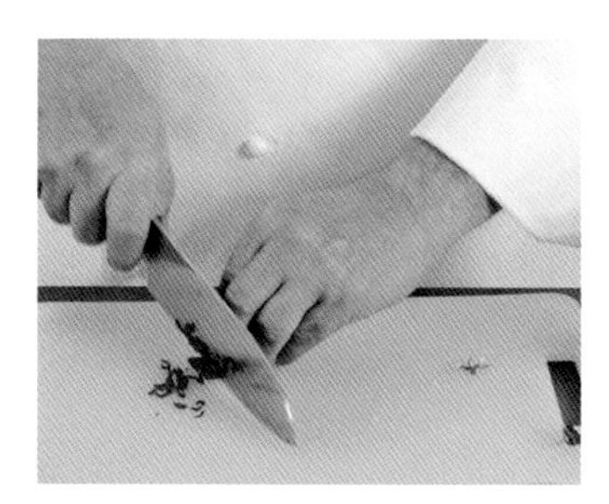

3 辣椒去子、切小丁。

4 将胡萝卜丝、西葫芦丝、香葱段和辣椒丁倒入沙拉碗中，搅拌均匀。

5 放入擦成碎末的青柠檬。

6 加入香芹末、蒜末、百里香末、芹菜盐和胡椒粉。

7 再准备一只沙拉碗，将蛋黄、面粉和酵母用打蛋器搅拌均匀。

8 一边搅拌一边慢慢倒入牛奶，防止结块。

9 将搅拌好的牛奶面粉液倒入盛有蔬菜的沙拉碗中。

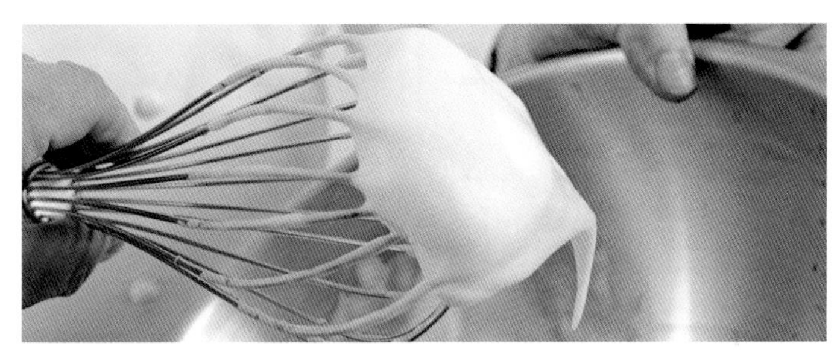

10 用打蛋器打发蛋清，直到蛋清发泡为止。

为什么？

只有将蛋清打至发泡，才能充分与其他食材混合。蛋清打发后会呈现出鸟嘴尖状的黏稠状态。

11 将打发的蛋清倒入食材中。

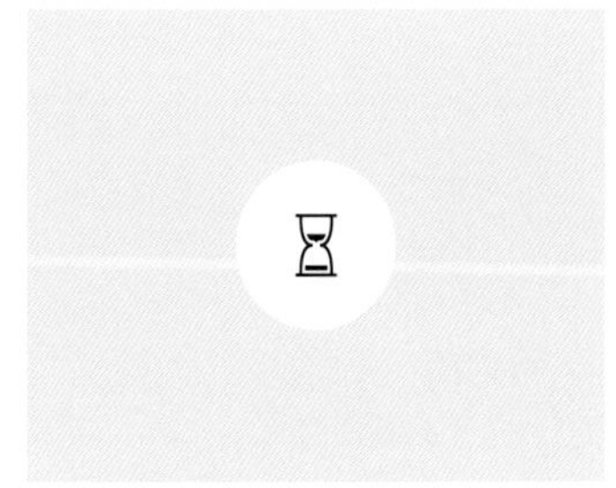

12 在常温下静置半小时，或在冰箱冷藏静置2小时。

制作

13 准备一锅食用油，烧至160～170℃，将蔬菜团成丸子，下锅油炸。

14 轻轻晃动油锅，防止蔬菜丸子粘在一起。炸制几分钟即可。

15 准备一张餐巾纸，折好、铺在盘子上，将出锅的蔬菜丸子放在餐巾上，撒芹菜盐。

主厨建议

- 这道菜经济、便捷、易操作。在宴席中作为主菜、配菜或开胃菜均可。根据季节和口味的不同，也可以用其他蔬菜替换菜谱中的蔬菜。
- 食用前可将蔬菜丸子回锅。但最好一次食用完，这道菜不适合在冰箱冷藏。

土耳其烤菜

LE BAYALDI DE LÉGUMES

6 人份

准备时间：**30～50分钟**
烹调时间：**至少1小时**

工具

蔬菜切割器

原料

茄子 2个
小西葫芦 3根
小西红柿 6个（约50克）
盐 适量
胡椒粉 适量

西红柿馅料
大个西红柿 6个
白洋葱 3个
蒜瓣 1个
橄榄油 适量
百里香 适量
迷迭香 适量
盐 适量

收稠洋葱
茴香 1个
红洋葱 3个
橄榄油 适量
盐 适量
埃斯佩莱特辣椒粉 适量
罗勒叶 适量

制作西红柿馅料

1 准备一锅水，煮沸，将大个西红柿去皮（▶ 见第349页）。

2 将去皮的西红柿肉切成1厘米见方的块（▶ 见第353页）。

3 白洋葱去皮、切碎（▶ 见第347页）。

4 蒜瓣去皮、切末。

5 在平底煎锅中倒入橄榄油，将洋葱碎和蒜末翻炒上色。

6 加入百里香和迷迭香。

7 将西红柿块倒入锅中。

8 撒盐，盖上锅盖，焖制15分钟，注意不要让食材粘锅。

制作收稠洋葱和茴香

9 茴香去皮、切薄片。

10 红洋葱去皮、切薄片。

11 在平底煎锅或汤锅中倒入橄榄油，将洋葱片和茴香片倒入锅中翻炒，加盐。

12 加入埃斯佩莱特辣椒粉，将食材炒至浅棕色。

提示！

为了便于烹调，同时使洋葱上色均匀，可以不时向锅中加水。

13 盛入沙拉碗中，在室温下静置。加入一些碎罗勒叶，搅拌均匀。

装入烤盘

14 将茄子、小西葫芦和小西红柿洗净，先用蔬菜切割器将茄子切成薄片，再将小西葫芦切成略厚的片。

15 用刀将小西红柿切成更厚一些的片。

为什么？

每种食材的厚度不一，可以保证其在烹调过程中受热程度一致。

16 准备烤盘，将西红柿馅料倒入烤盘。

17 将收稠洋葱和茴香铺在西红柿馅料上，加盐和胡椒粉调味。

18 将蔬菜片摆放在最上层。一排茄子片、一排小西葫芦片，再放一排小西红柿片。

19 将每片蔬菜贴着前一片交错摆放，直至铺满整个烤盘，最后再撒盐和胡椒粉。

为什么？

放 1 片小西红柿、1 片茄子和 1 片西葫芦的组合，可以防止由于西红柿过多而释放出大量的水分。

制作和摆盘

20 在蔬菜上淋橄榄油。

21 将烤箱温度设置为170～180℃，烤盘放进烤箱烤制至少1小时。产生蒸气后，即可端出烤盘。

提示！

这道菜不要烹调时间过长，否则会烤煳。

主厨建议

- 为了使这道菜的口味更丰富，还可以加入其他配料，如橄榄或松子。
- 出炉后可在烤菜最上面放几片火腿和帕尔马干酪屑。
- 这道菜是野餐的理想选择，冷食也非常美味。

炖生菜

LA LAITUE BRAISÉE

6 人份

准备时间：**30分钟**
烹调时间：**约2小时**

工具

电磁炉

原料

生菜 6棵
盐 适量
胡萝卜 3根（150克）
洋葱 2个（150克）
蒜瓣 1个
熏肉 150克
食用油 适量
黄油 80克
胡椒粉 适量
白色家禽高汤 500毫升
香草束 1束

准备生菜和配菜

1 将生菜的最外面一层菜叶完好地剥掉。

2 将生菜根切掉，不要拆散生菜叶，将整棵生菜清洗干净。

3 准备一锅开水，撒盐，将生菜放进锅中煮沸。

4 用漏勺盛出生菜，浸泡在冰水里，冰水有助叶片收缩。

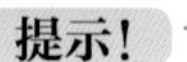

提示!

浸泡冰水并不是必需的步骤，但会使生菜颜色更加鲜艳。

5 仍用刚才煮沸的开水，将其余的生菜煮三四分钟，晾凉并沥干水分。

6 轻轻挤压生菜。

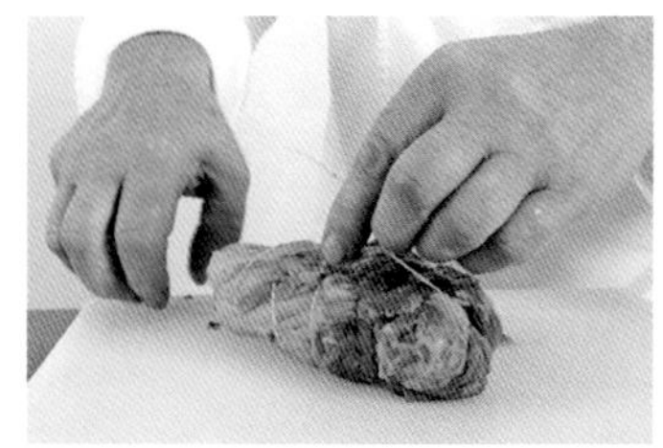

7 用细绳将生菜绑紧，防止其在烹调过程中散开。

8 将胡萝卜、洋葱去皮、切粒（▶ 见第351页）。

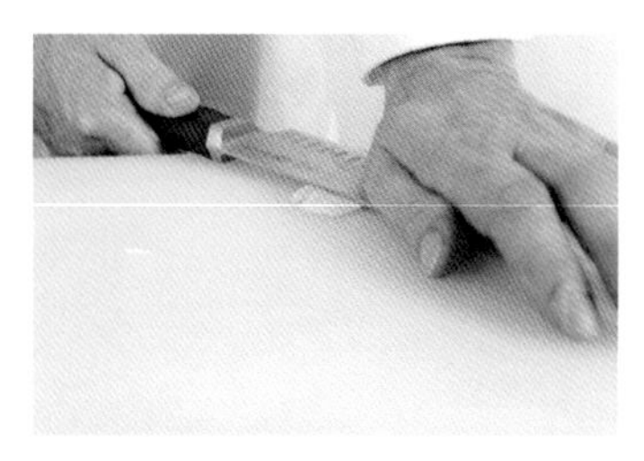

9 去掉蒜心，将蒜瓣压碎。

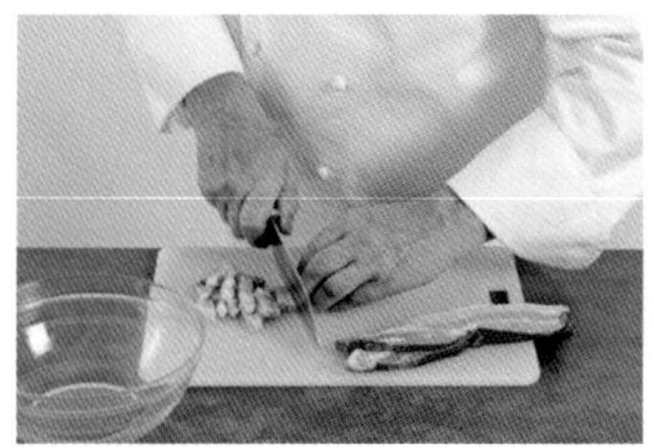

10 将熏肉切成肉丁。

制作

11 准备一口汤锅，加热后放入黄油，将熏肉丁倒入锅中翻炒。

12 不用去油，直接将胡萝卜粒和洋葱粒倒入锅里。

13 翻炒均匀后倒入蒜碎，撒盐和胡椒粉，翻炒至洋葱略微出水即可。

14 将绑好的生菜放进锅中。

15 加入白色家禽高汤（▶ 见第364页），放入香草束（▶ 见第346页）。

16 将汤汁煮沸。

17 在锅表面覆盖一层烘焙纸（▶ 见第368页），烤箱温度设置为160℃，将汤锅放入烤箱，烘烤1小时45分钟。

提示！

烘烤过程中要注意经常向汤锅中加入高汤或水，不要使汤汁蒸发干。

收尾和摆盘

18 烘烤完成后，将生菜取出，解开细绳，汤汁备用。

19 切开生菜。

20 用保鲜膜或餐巾将切开的生菜固定成原来完好的形状。

21 将之前剥下的外层生菜叶切掉边缘部分，平铺在盘中。

22 将烤好的生菜放进外层生菜叶里。

23 用外层生菜叶包裹住整棵生菜。

24 其他几棵生菜也用同样的方法包好。

提示！

包生菜时，可以在外层生菜叶和整棵生菜之间加入馅料、火腿片或松露。

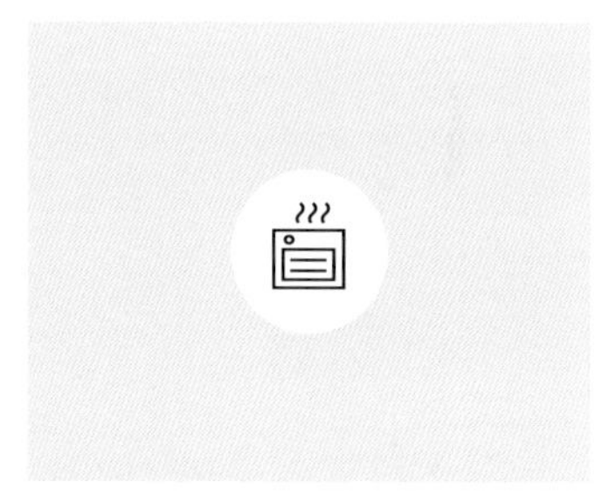

25 食用前，需要回炉烘烤，用刷子在生菜上刷一些化黄油，烤几分钟即可。

26 取出汤汁中的香草束、蒜瓣和残留的生菜叶，加入黄油。

27 将汤汁重新加热、收汁，待生菜烤好后，浇在生菜上，即可食用。

蘑菇马卡龙

LES MACARONS DE CHAMPIGNONS DE PARIS

6 人份

准备时间：**35分钟**
烹调时间：**20分钟**

工具

型号 40（4厘米）模具

原料

巴黎蘑菇（大小均等）24个+1千克
小洋葱头 250克
蒜瓣 2个
香芹 1/2捆
橄榄油 适量
盐 适量
黄油 75克
弗朗什-孔泰奶酪（厚约1.5毫米）6片
胡椒粉 适量

准备食材

1 将24个巴黎蘑菇洗净、去梗，蘑菇梗备用。

2 将另外1千克巴黎蘑菇洗净，和备用的蘑菇梗一起剁成糜。

3 小洋葱头去皮、切碎（▶ 见第347页）。

4 蒜瓣去皮、切末。

5 香芹切碎（▶ 见第345页）。

制作

6 平底煎锅中倒入橄榄油，将去梗的蘑菇朝下放在锅里。

7 撒少许盐。

8 加入25克黄油，盖上锅盖。

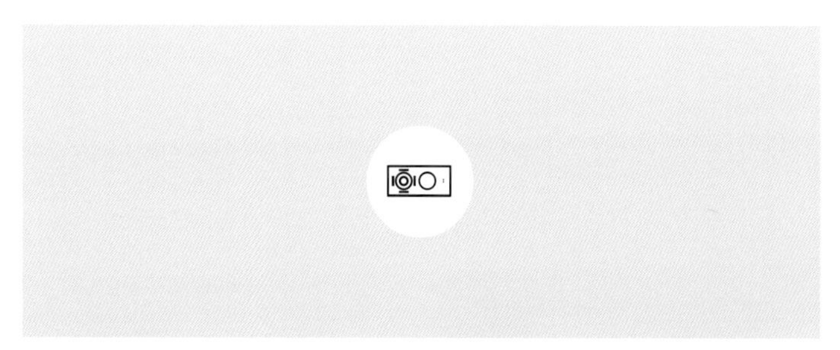

9 根据蘑菇大小烹调5～8分钟。不要让汁水蒸发得太多，否则摆盘时会无料汁可用。

提示！

如果烹调过程中汁水蒸发过快，可以加入适量水。

10 另一口平底锅中放少许橄榄油，将剩余的黄油放入锅中，将洋葱碎和蒜末放进锅里翻炒。

11 将蘑菇糜倒入锅中，撒少许盐，盖上锅盖。

12 中火烹调，并不时晃动，当蘑菇出水后，揭开锅盖，使水分蒸发。

13 蘑菇糜烹调好后，倒入香芹末、盐和胡椒粉。

装饰和摆盘

14 将整个的蘑菇头盛出，沥干油分，保留汁水。

15 与马卡龙的做法相同，将蘑菇糜塞进蘑菇头中，再用另一个蘑菇头盖住。

16 重复操作，将剩余的蘑菇头都加工成马卡龙形状。

17 用模具切出圆形的奶酪片。

18 将奶酪片放在每个蘑菇马卡龙的顶端，使蘑菇表面整齐、规则。注意奶酪片不能太大，否则在蘑菇上放不稳。

19 将收浓的蘑菇汁淋在蘑菇上。

主厨建议

- 为了使这道菜的口味更丰富，也可以在蘑菇糜中加入其他种类的蘑菇，或混入一些鱼肉或其他肉类，再放入烤箱适当烘烤。
- 这道菜可以作为头盘，冷食或热食均可。如果在鸡尾酒宴上，做迷你的蘑菇马卡龙，可以选用小蘑菇。

牛肝菌炖肉

LA FRICASSÉE DE CÈPES BOUCHONS

6 人份

准备和烹调时间：**30～40分钟**

工具

蘑菇刷（非必需）

原料

牛肝菌 约33个
小洋葱头 2个
蒜瓣 2个
香芹 1/2捆
橄榄油 适量
黄油 50克
盐 适量
胡椒粉 适量

准备牛肝菌

1 像削铅笔一样将牛肝菌的根部削掉，这样削能尽可能多地保留蘑菇肉。

2 用柔软的蘑菇刷刷洗牛肝菌。

注意！

牛肝菌易吸水，不要浸水。可以将牛肝菌在水流下冲洗或过水。

3 小洋葱头去皮、切碎（▶ 见第347页）。

4 蒜瓣去皮、压碎。

5 香芹洗净、去掉枯叶、切碎，注意不用切成末。

6 将牛肝菌纵切成两半。

制作

7 将蒜碎放入平底锅中，倒6勺橄榄油。将蒜碎烹至焦黄色。

注意！

蒜浸泡在橄榄油里，加热过程会持续六七分钟，不可操之过急。重点是浸泡蒜碎，耐心加热。

8 蒜碎上色后取出，锅里的油留用。

9 将切好的牛肝菌倒入平底锅。

10 将牛肝菌翻炒至轻微上色，不时晃动平底锅。

注意！

炒的时间不要过长，否则牛肝菌会有苦味。

11 牛肝菌炒熟后，加入黄油和洋葱碎。

12 继续翻炒，不要让牛肝菌或洋葱碎粘锅。

13 翻炒几分钟后，倒入香芹末。

14 加入盐和胡椒粉。

15 准备一个小炖锅或小个的容器，将炒好的牛肝菌盛出，这样可减缓散热速度。

主厨建议

- 这道菜肴选用的是个头小的牛肝菌，但是更美味，烹调过程也更方便。如果选择大一些的牛肝菌，注意烹调时间可能延长 1 倍。清洗干净大个牛肝菌后，需要将蘑菇梗和头分开，在蘑菇头上淋一些食用油，放进烤箱，180℃烘烤 15 分钟。之后才能按照菜谱翻炒牛肝菌。
- 为了使这道菜的味道更丰富，也可以加入火腿屑或熟无花果块，这些食材能使菜肴更美味。
- 牛肝菌冷食或热食皆可。冷食作为沙拉或头盘的话，在烹调过程中可不放黄油。

配菜和酱汁

俄式薄煎饼

LES BLINIS MAISON

6 人份

准备时间：**提前一晚10分钟+当天10分钟**
静置时间：**12小时**
烹调时间：**3分钟**

工具

打蛋器（非必需）

原料

面包酵母 50克
全脂牛奶 1升
荞麦面粉 300克
T45面粉 200克
盖朗德盐 20克
胡椒碎 2克
肉豆蔻 适量
鸡蛋 3个

准备面糊（前一晚）

1 将面包酵母倒进沙拉碗中，倒入25毫升全脂牛奶搅拌。

提示！
酵母与温牛奶更易调和。

2 另准备一个沙拉碗，筛入所有面粉。

3 在面粉中撒盐。

4 撒入胡椒碎。

5 肉豆蔻磨成粉，加入面粉中。

6 将剩余的全脂牛奶倒进面粉中。

7 用打蛋器将面糊搅拌浓稠。

8 将酵母与牛奶的混合液倒入刚搅拌好的面糊中。

9 继续用力搅拌。

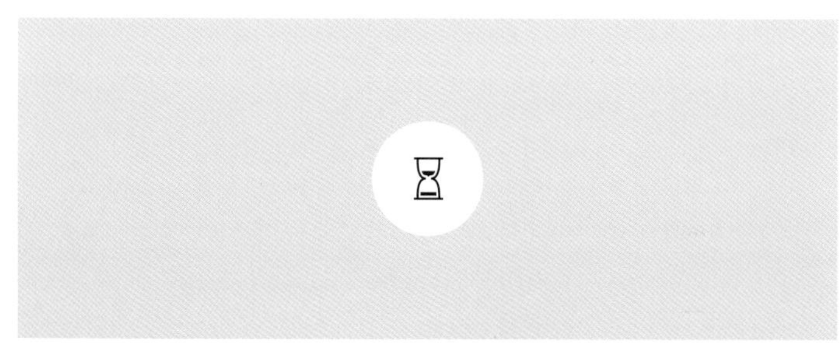

10 保鲜并静置12小时。

提示！

也可以在室温下静置 2 小时，但是这样烹调出的薄饼不易消化。

制作面饼（当天）

11 将鸡蛋的蛋黄与蛋清分离（见第343页），搅打蛋黄。

12 打发蛋清，至蛋清出现绵密的泡沫。

13 将蛋黄倒入打发的蛋清中。

14 将蛋液倒入面糊中，搅拌均匀。可加盐和胡椒碎调味。

15 将面糊舀出，摊在平底锅上。

16 薄饼每面煎1分30秒即可。

主厨建议

- 俄式薄煎饼适合搭配小茴香腌三文鱼（▶ 见第44页）或烟熏三文鱼，同时也可用来做法式吐司和三明治。
- 可根据自己口味调整配料用量，也可以适当加入一些提升香味的配料，如海藻、藏红花、橄榄或香草。

酸辣酱

LE CHUTNEY

约 300 克酸辣酱

准备时间：**45～60分钟**
烹调时间：**2小时**

原料

白洋葱 3个
红洋葱 2个
小洋葱头 4个
芹菜 1/2捆
胡萝卜 3个
苹果（黄皮、多汁）3个
梨 2个
芒果 1个
橄榄油 适量
盐 适量
胡椒粉 适量
香菜籽 20克
赫雷斯醋 250毫升
金葡萄干（小个）200克

切蔬菜和水果

1 将洋葱和小洋葱头去皮、切碎（▶ 见第347页）后放进沙拉碗中。

2 芹菜和胡萝卜去皮。

3 胡萝卜和芹菜切丁（▶ 见第350页）后，放进另一个沙拉碗中。

4 将苹果、梨和芒果去皮。

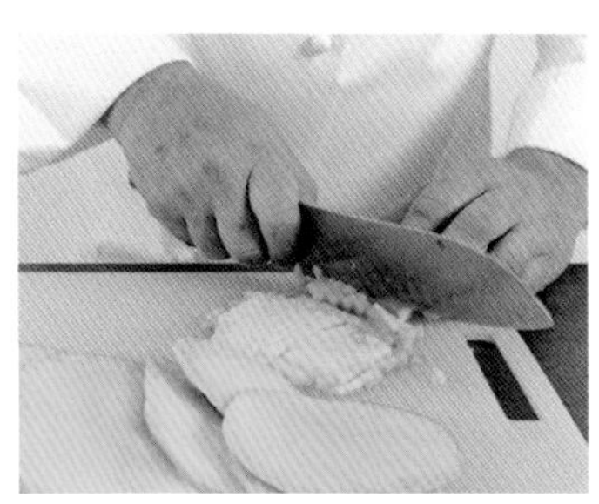

5 将水果切丁，并放进另一个沙拉碗里备用。

制作

6 将橄榄油倒入炒锅或能放进烤箱的锅中。

7 翻炒洋葱碎，至轻微上色。

8 倒入胡萝卜丁和芹菜丁，翻炒出水。

9 撒盐和胡椒粉。

10 加磨碎的香菜籽。

11 盖上锅盖，焖至食材全部上色。

12 倒入赫雷斯醋。

13 倒入苹果、梨和芒果丁。

14 最后撒一些金葡萄干，翻炒均匀，盖上锅盖。

15 烤箱190℃预热，将锅放入烤箱，烘烤2小时。

提示！

酸辣酱的做法和果酱类似，如果锅里产生过多蒸气，可以稍揭开锅盖，让蒸气适当蒸发。

主厨建议

- 酸辣酱做好后可放入果酱密封罐中保存，隔绝空气，然后在冰箱内冷藏数周。
- 为了使菜肴口味更丰富，也可以选择其他的水果和蔬菜，如栗子和菠萝。
- 通常用酸辣酱搭配肥肝食用，搭配肥肝酱或奶酪则为最佳选择。

蛋黄酱

LA MAYONNAISE

6 人份

准备和烹调时间：**5分钟**

原料

鸡蛋 1个
芥末酱 1汤匙
盐 适量
胡椒粉 适量
白葡萄酒醋或柠檬汁 40毫升
葡萄子油 200毫升

1 将蛋黄和蛋清分离（▶ 见第343页）。

2 将蛋黄放入碗里。

3 放1汤匙芥末酱。

4 撒盐。

5 撒胡椒粉。

6 倒入白葡萄酒醋或柠檬汁，用搅拌器搅匀。

7 搅拌的同时，缓缓倒入葡萄子油。

提示！

油能使蛋黄酱质地更绵密。如果不加油，蛋黄会松散而膨松。葡萄子油能使蛋黄酱在冰箱低温保存时不凝固。

8 再加入盐和胡椒粉调味，搅拌至黏稠即可。

主厨建议

- 如果想获得更丰富的味道，可以混入其他食用油（橄榄油、芝麻油）和醋（苹果醋、香醋、赫雷斯醋）。
- 这个菜谱可以衍生出其他酱的做法，如芥末蛋黄酱、鸡尾酒酱等。
- 如果搭配蔬菜或鱼类食用，可以在蛋黄酱中加入蒜末和藏红花。

荷兰酱

LA SAUCE HOLLANDAISE

6 人份

准备时间：**10～20分钟**
烹调时间：**10分钟**

工具

船形调味汁杯

原料

水 200毫升
葡萄酒醋 100毫升
盐 适量
胡椒碎 适量
鸡蛋 3个
黄油 250克
柠檬汁 适量

制作意式蛋黄酱

1 根据宾客人数准备大小合适的锅，倒2/3水和葡萄酒醋，煮沸后静置，恢复室温。

2 撒入大量盐和胡椒碎。

3 将蛋黄与蛋清分离（▶ 见第343页），将蛋黄放在大碗中。

4 倒入葡萄酒醋混合液。

5 将碗放在隔水炖锅里，用打蛋器搅拌均匀。

6 将蛋黄打至膨松发泡，意式蛋黄酱即完成。备用。

制作荷兰酱

7 将黄油放在锅里加热化开。

8 如果有必要，可澄清黄油（▶ 见第342页）。建议选用质量上乘、不含奶的生黄油。

9 顺着同一方向搅拌意式蛋黄酱，缓缓倒入化黄油。

10 加盐和胡椒碎，挤入柠檬汁。

11 将搅拌好的酱汁过滤。

12 过滤时应用力按压，消除结块。将酱汁放入漂亮的船形调味汁杯里。

主厨建议

- 这个菜谱可以衍生出其他酱的做法，如尚蒂伊鲜奶油酱、黄油酱、榛子酱等。
- 食用时注意不要让酱料结块、干裂。如果出现这种情况，可适量加入冰水或冰块。

法式蛋黄酱

LA SAUCE BÉARNAISE

6 人份

准备时间：**10～20分钟**
烹调时间：**10分钟**

工具

船形调味汁杯

原料

小洋葱头 2个
龙蒿束 适量
香叶芹束 适量
白葡萄酒 200毫升
白葡萄酒醋（或龙蒿醋）200毫升
盐 适量
胡椒碎 适量
蛋黄 3个
黄油 250克
香叶芹叶 5克
龙蒿叶 10克

浓缩

1 将小洋葱头切碎（▶ 见第347页）。

2 将龙蒿束和香叶芹束切碎。

3 在煮锅中倒入2/3白葡萄酒和白葡萄酒醋（或龙蒿醋），开火收汁。

4 将小洋葱碎和龙蒿碎、香叶芹碎倒入锅中。

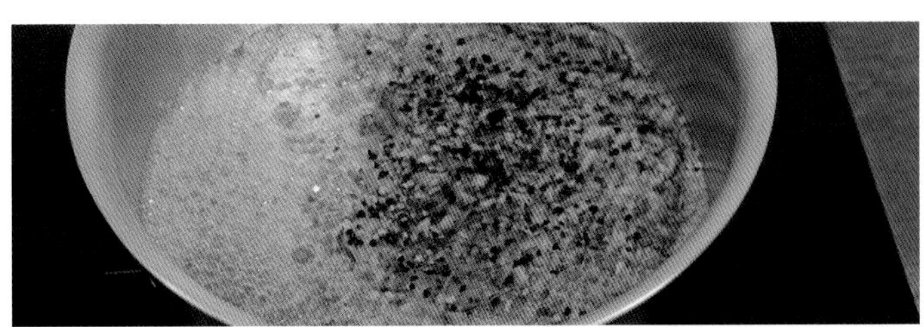

5 撒盐和胡椒碎。

提示!

注意，烹调时间不宜过长，不要让食材上色，酱料最终的颜色应为白色。

制作法式蛋黄酱

6 在锅里将黄油化开，不要煮沸。如有必要，可以澄清黄油。

7 将蛋黄放进碗中，随后将浓缩的料汁也倒进碗里，再放入隔水炖锅里加热。

8 使蛋黄和料汁乳化，直到先烹调出意式蛋黄酱。

9 顺着同一个方向搅拌，将化开或澄清后的黄油缓缓倒进碗里。

10 用滤网过滤蛋黄酱。

11 加入切好的香叶芹叶和龙蒿叶末，即可食用。

主厨建议

- 这个菜谱可以衍生出其他酱的做法，如修隆酱、巴伦滋酱、弗瓦优酱等。
- 做酱料的食材和配料（如白葡萄酒、醋、小洋葱头、白胡椒粉、龙蒿和香叶芹）可以提前几天备好，并在正餐前做好。
- 如果想做出味道更浓郁的蛋黄酱，可以不用过滤，留下小洋葱头末。将做好的酱料一直加热，防止其干裂。如果酱料干裂，可适量加入凉水或冰块。

波尔多酱

LA SAUCE BORDELAISE

6 人份

漂白骨髓：**24小时**

准备时间：**10～20分钟**

烹调时间：**30分钟**

原料

骨髓 2根

醋 适量

红葡萄酒 500毫升

百里香 1枝

月桂叶 1/2枝

小洋葱头 2个

盐 适量

胡椒碎 适量

西班牙酱料（棕色高汤炖西红柿）200毫升

柠檬汁 适量

半凝固的肉冻（非必需）适量

漂白骨髓

1 将骨髓从骨头中取出。

2 将骨髓切成小丁。

3 将骨髓丁浸入凉水中，倒醋，浸泡24小时。

制作酱料

4 将小洋葱头切碎，放入锅里，加百里香和月桂叶。

5 倒入红葡萄酒。

6 撒盐和胡椒碎。

7 开大火将红葡萄酒煮沸，收汁至原来的1/8。

8 将火调小，加入西班牙酱料，即棕色高汤（▶ 见第362页）炖西红柿。

9 再煮十分钟左右，并在烹调过程中撇去浮沫，直至酱汁浓稠。

10 过滤酱汁，去除杂质。

11 用力挤压，挤出更多酱汁。

提示!

如果需提前做这步准备工作，最好晾凉酱汁，随后在烹调前回锅加热，这样能避免酱汁中出现苦味。

12 再次撒入盐和胡椒碎调味。

提示!

放入黄油，增加酱汁的黏稠度和亮度。油脂能带来足够的香味。

13 加入柠檬汁（也可加入半凝固的肉冻使料汁的味道更浓厚）。

14 将骨髓丁从凉水中取出，放入锅中，倒入凉水，撒盐。

15 倒醋，煮沸。盛出骨髓丁，倒入酱汁中，再将酱汁倒入船形调味汁杯里。

主厨建议

- 之前多用白葡萄酒制作波尔多酱。因此可以用白葡萄酒进行烹调，并用蘑菇、肉块调味汁代替高汤。
- 这道酱汁是鱼类菜肴的绝佳搭配。

贝夏梅尔奶油酱

LA SAUCE BÉCHAMEL

6 人份

准备时间：**10分钟**
烹调时间：**15分钟**

原料

黄油 40克
面粉 40克
盐 适量
胡椒碎 适量
肉豆蔻粉 适量
全脂牛奶 1升

制作黄油炒面粉

1 准备一个中等尺寸的锅，开小火将黄油化开。

2 将过筛的面粉倒进锅里。

3 继续小火加热，不要使面粉上色。撒盐、胡椒碎和肉豆蔻粉。

重点

- 这些准备工作可以提前做好。制作黄油炒面粉是关键的一步，烹调过快，黄油会稀；烹调火候不够，酱汁中的面粉味会过重。
- 炒制后的黄油应呈现出白色或轻微上色，如果上色太重，酱汁则会呈棕褐色。这是菜谱中重要的一步！

制作贝夏梅尔奶油酱

4 将凉牛奶缓缓倒入盛有黄油和面粉的锅里，并不停搅拌，防止结块。

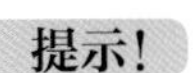

提示！

也可将牛奶加热至沸腾，倒入冷的黄油面粉混合液里。在搅拌这两种不同的液体时，必须使其保持温差，这样才能充分混合。

5 小火加热15分钟。

6 加盐和胡椒碎。

7 用滤网过滤。做好的酱汁质地稠密，没有结块。

主厨建议

- 根据烹调菜肴的不同（如烤蔬菜奶酪、火腿奶酪三明治），可以增加酱汁的浓厚口感，即放入大量的白色芡料（▶ 见第 344 页）。
- 为避免酱料表面结块，可用鲜黄油轻轻化开。
- 这个菜谱可以衍生出其他酱的做法，如苏比斯酱、奶酪酱等。

白酱

LA SAUCE BEURRE BLANC

6 人份

准备和烹调时间：**15分钟**

原料

小洋葱头 6个
白葡萄酒醋 250毫升
鱼高汤 300毫升
黄油 250克
盐 适量
胡椒粉 适量

制作

1 将小洋葱头去皮、切碎（▶ 见第347页）。

2 将洋葱碎倒入锅中，加白葡萄酒醋。

3 倒入鱼高汤（▶ 见第366页）。

4 煮至原有酱汁的2/3。

5 将黄油切丁并放入酱汁中，搅拌均匀。

为什么？

加入黄油能使酱汁质地更浓厚。

6 撒盐。

7 撒胡椒粉，煮沸即可。

主厨建议

- 可以往酱汁中放一勺鲜奶油，制作出南特黄油。还可以根据口味加入藏红花或其他香料。
- 可在酱汁中加入香草，使其味道更适合搭配鱼肉。
- 可以用红葡萄酒代替白葡萄酒醋，制作出红色黄油。

甜点

阿马尼亚克烧酒酿李子干

LES PRUNEAUX À L'ARMAGNAC

6 人份

准备和烹调时间：**约20分钟**
腌制时间：**6小时**

原料

李子干 500克
阿马尼亚克烧酒 200毫升

糖浆

红葡萄酒（加斯科涅地区产，丹宁含量高）1.5升
白砂糖 300克
蜂蜜 100克
香草荚 1/2个
八角茴香 2个
黑胡椒粒 3粒
小豆蔻 1颗
桂皮 1根
橘皮 1/8个

制作糖浆

1 准备一只足够大的锅，倒入红葡萄酒，煮至沸腾。

2 用喷枪加热红葡萄酒表面。

3 如有必要，可反复加热两三次，直至红葡萄酒表面不能被点燃。

4 加入白砂糖、蜂蜜、香草荚、八角茴香、黑胡椒粒、小豆蔻、桂皮和橘皮。

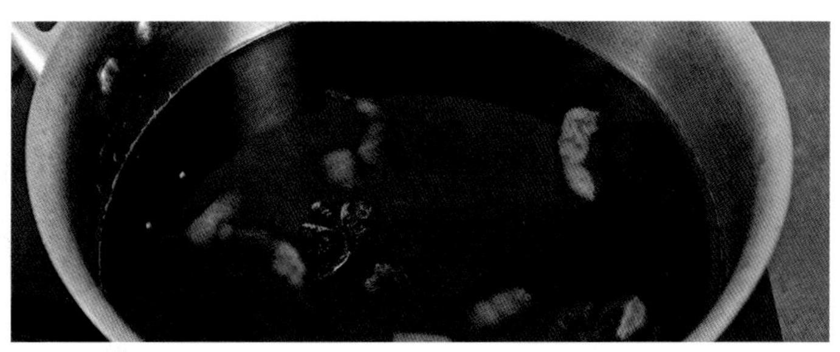

5 将糖浆再次煮沸，随后调小火，继续煮5分钟。

提示!

可以提前几天准备好糖浆，并覆盖保鲜膜或用密封罐保存。

制作李子干

6 用清水将李子干洗净，浸泡在煮好的糖浆里。

7 将糖浆再次加热至沸腾，关火后盖上锅盖，静置数分钟。

8 待糖浆低于65℃时，倒入阿马尼亚克烧酒。

9 将李子干和液体一同倒入沙拉碗中。

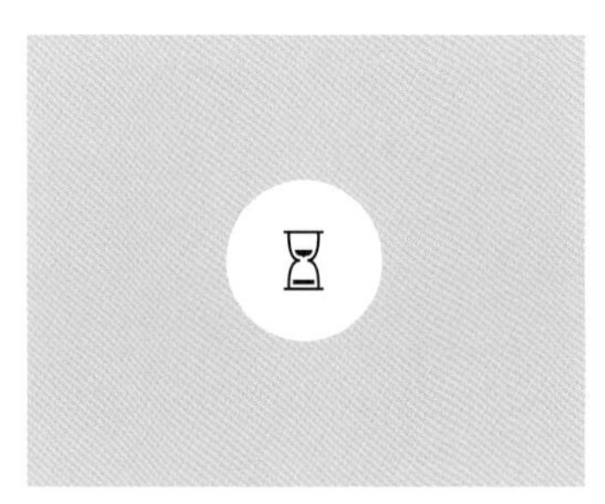

10 冷却，腌制至少6小时才可食用。

主厨建议

- 一定要选择带核的李子干，这种李子干能充分吸收糖浆，并能一直保持吸水状态。
- 将阿马尼亚克烧酒倒入冷却的糖浆，能确保酒精不蒸发，并使其香气与糖浆更好地融合。
- 可以将阿马尼亚克烧酒浇在冰块上，再与李子干混合。
- 这道菜可以作甜点，也可作为肉排或野味馅饼的配菜，还可搭配奶酪食用。

牛奶泡饭

LE RIZ AU LAIT

6 人份

准备时间：**15～25分钟**
烹调时间：**约1小时**

原料

圆粒米 200克
白砂糖 100克
全脂牛奶 1.5升
香草荚 1个
黄油 100克
蛋黄 4个

淘米

1 准备一锅冷水，将米倒入水中，煮至沸腾。

为什么？

米煮沸后，会产生并分离出淀粉。

2 关火，过滤。

制作

3 将米重新倒回锅中。

4 加入白砂糖、全脂牛奶和碾碎的香草荚。

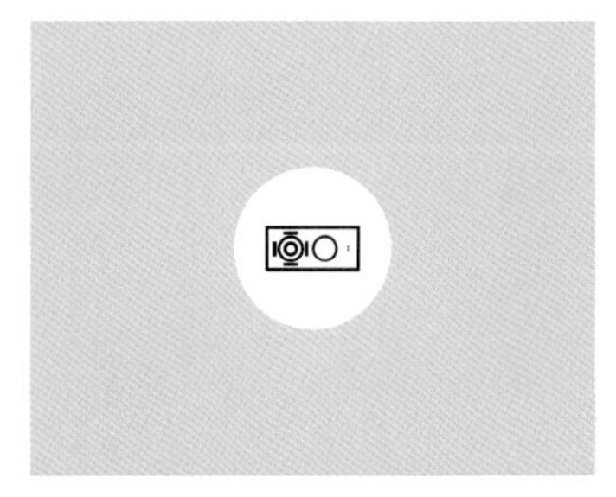

5 开小火煮45～50分钟，并不停晃动锅以防止米粒粘连。

收尾

6 米将牛奶基本吸收后即可关火，静置五六分钟，让米进一步吸收牛奶，使其呈现奶油状。倒入黄油。

7 用抹刀搅拌均匀，使米更加浓稠。

8 快速将蛋黄倒入米中（温度不宜过高，温热即可，这样蛋黄才不会凝固）。

9 取出香草荚，用保鲜膜将锅密封，放入冰箱冷藏，这样做能防止黄油浮到米粒表面。

主厨建议

- 这道菜的做法相对简单，只要选取质量上乘的食材即可。注意需要使用圆粒米、全脂牛奶（不能是半脱脂牛奶）、香草荚（不能使香草料），选择大溪地香草最佳，注意黄油也需选取口感品质佳的产品。
- 可以改进这道菜的做法，例如在最后一步加入蜜饯或巧克力。
- 可以用牛奶泡饭搭配焦糖或时令水果酱食用。

巧克力慕斯

MA MOUSSE AU CHOCOLAT

6 人份

准备和烹调时间：**10分钟**
静置时间：**12小时**

工具

搅拌器（非必需）

原料

黑巧克力 350克
液体奶油 300毫升
白砂糖 300克
鸡蛋 7个

制作巧克力慕斯

1 加热液体奶油。

2 将加热的液体奶油倒入盛有黑巧克力的沙拉碗中。

提示！

注意选取品质好、含糖量少的黑巧克力。越简单的菜谱，对食材品质的要求越高。

3 搅拌均匀。

4 将蛋清和蛋黄分离（▶ 见第343页）。

5 将蛋黄放进另一个沙拉碗中，倒入100克白砂糖，搅拌均匀。

6 将搅拌好的奶油巧克力倒入蛋黄中，搅拌均匀。

为什么?

用力搅拌奶油巧克力和蛋黄，可以利用奶油巧克力的温度在一定程度上将蛋黄烹调熟。

7 另准备一只碗，将蛋清用搅拌器打发，质地无须过于绵密。

8 将剩余的白砂糖倒入打发的蛋清里，继续搅拌。

9 先将一半蛋清迅速倒入奶油巧克力中，另一半蛋清则需缓慢加入。

为什么?

第一步迅速倒入蛋清，是为了使奶油巧克力变得柔软，第二步缓慢倒蛋清，是为了保存蛋清打发后的泡沫。

10 将搅拌好的巧克力慕斯盛到甜点杯里，覆盖保鲜膜。

11 将巧克力慕斯放入冰箱冷藏，完全冷却前不要再接触慕斯。如用甜点杯盛放慕斯，需在冰箱中至少放置2小时，如果用沙拉碗盛放，则至少放置6小时。

为什么？

在冷却过程中慕斯内部会形成小气泡，能增加甜点的滑腻感。

主厨建议

- 建议选取可可含量为 70% 的圭亚那巧克力，这种黑巧克力微酸，是烹调这道甜点的绝佳食材。
- 如果制作牛奶巧克力慕斯，则需少放 100 克白砂糖，避免成品过甜。

巧克力熔岩蛋糕

MON MOELLEUX AU CHOCOLAT

8 人份

准备时间：**15分钟**
烹调时间：**20～25分钟**

工具

小圆蛋糕模具
刷子

原料

黑巧克力碎 200克
黄油 200克
蛋黄 5个
冰糖 100克
面粉 80克
白砂糖 50克

准备巧克力

1 准备一个沙拉碗，将黑巧克力碎（或方块黑巧克力）和切块的黄油放进碗中，隔水化开。食材越碎，越容易化。

2 不停搅拌，使其充分化开，直至巧克力和黄油成为润滑的整体。

3 搅拌蛋黄。

4 关火，把搅拌好的蛋黄倒进温热的巧克力黄油混合液中，边倒边搅拌。

5 用搅拌器用力搅拌，直到混合液黏稠、润滑。

6 将冰糖倒入混合液中，充分化开，让混合液如焦糖般黏稠。

7 倒入面粉。

8 继续用力搅拌。

为什么?

用力搅拌可以防止结块。

制作

9 在模具内壁刷上黄油。

提示!

如果往模具里撒少量白砂糖（擦掉多出模具的部分），烘烤时产生的焦糖层能帮助固定蛋糕的形状。

10 将之前搅拌好的混合液挤入模具里。

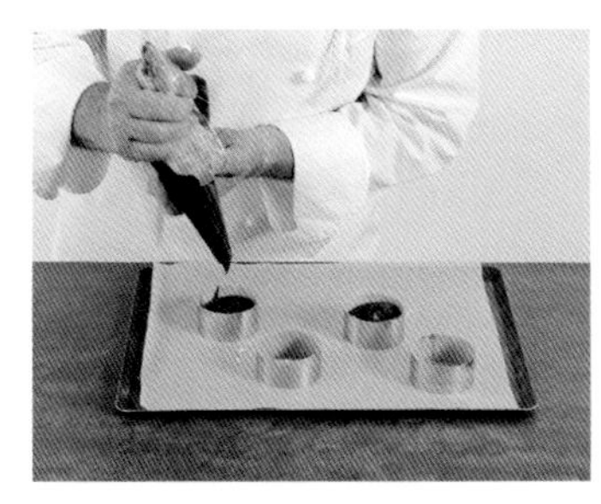

11 挤时不用把模具填满。

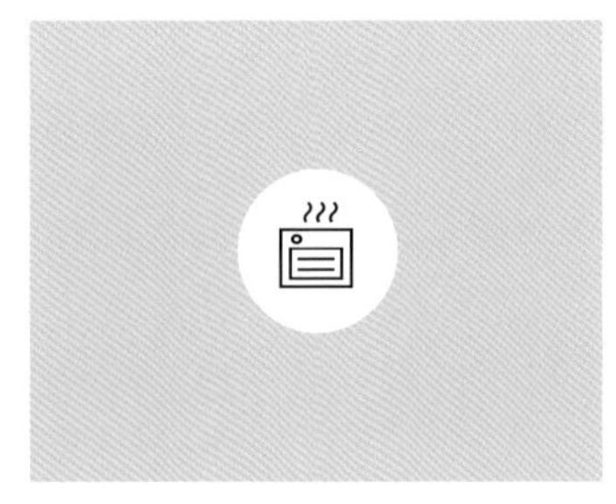

12 将烤箱温度设置为180℃，烘烤20 ~ 25分钟，即可食用。

主厨建议

- 一般的食客满足于单独享用巧克力熔岩蛋糕，而美食家则选择搭配英国奶油和冰淇淋球。
- 如果想让口感更丰富，烘烤前可以在熔岩蛋糕中放草莓、树莓或焦糖。
- 这道甜点可作为正餐与水果之间的甜点或下午茶点心。

巧克力舒芙蕾

LE SOUFFLÉ CHAUD AU CHOCOLAT

6人份

准备时间：**15分钟**

烹调时间：**15～30分钟（根据舒芙蕾尺寸不同）**

工具

打蛋器（非必需）

原料

黑巧克力 500克
黄油 125克
牛奶 1升
玉米粉或精面粉 150克
可可粉 100克
鸡蛋 2个
蛋清 6个
蛋黄 4个
白砂糖 250克

准备舒芙蕾

1 将黑巧克力隔水化开。

提示！

制作这道甜点需要选取可可含量很高的巧克力，注意隔水加热巧克力时温度不宜过高，能够使其化开即可。

2 加热牛奶，放入黄油化开。

3 准备一只沙拉碗，混合可可粉和玉米粉（或过筛的精面粉）。

4 黄油完全化开并与牛奶混合后，无须加热至沸腾，倒入可可粉和玉米粉的混合物，加热几分钟。

提示！

一边倒可可粉和玉米粉一边搅拌，防止结块。

5 关火，放入2个鸡蛋和2个蛋黄。

6 将混合液重新放在炉灶上加热几分钟，并搅拌均匀。

7 关火，将黑巧克力倒进混合液中。

8 将剩余的2个蛋黄倒进锅中，搅拌均匀，再将所有混合液倒入沙拉碗中。

9 将蛋清倒入另一只沙拉碗里，用搅拌器打发出泡沫，不要过于紧实。

为什么？

过于紧实的蛋清会很难与混合液融合，并易于结块。

10 在蛋清中撒入白砂糖，使其质地浓稠。

11 将蛋清慢慢倒入混合液中。

12 提前在蛋糕杯内壁涂上厚厚的一层黄油，并撒少许白砂糖，将搅拌好的液体盛入模具中。装满模具，但是不要装至模具边缘，否则会在烘烤中影响舒芙蕾膨胀变高。

制作

13 将烤箱220℃预热，烘烤15～20分钟。

提示！

单独一个舒芙蕾需要烘烤 15～20 分钟，如果舒芙蕾尺寸更大，则需 30 分钟。

主厨建议

- 烘烤巧克力舒芙蕾有很多方法，上述做法并不是最简单的，但是最经典的。这种烹调方法有一个绝对的好处，只要掌握了它，所有舒芙蕾蛋糕的烹调方法就会融会贯通。

橙香蛋白舒芙蕾

LE SOUFFLÉ MERINGUÉ À L'ORANGE

6 人份

准备时间：**20～30分钟**
烹调时间：**11分钟**

工具

搅拌器（非必需）
狮头碗

原料

新鲜橙汁 1升（约12个橙）
布丁面粉 75克
金万利力娇酒 适量
蛋清 300克
白砂糖 180克

准备舒芙蕾

1 将橙汁倒进锅中，注意可以混入果肉，但是不要有子，将橙汁煮沸。

2 关火，将橙汁倒进沙拉碗中。

3 将橙汁和布丁面粉混合，搅拌至液体顺滑。

4 重新开火，将液体煮至沸腾，并一直搅拌，直至液体变浓稠。

5 关火前倒入适量金万利力娇酒。

为什么?

液体如果太热，酒精容易完全挥发，便不能留住香味。

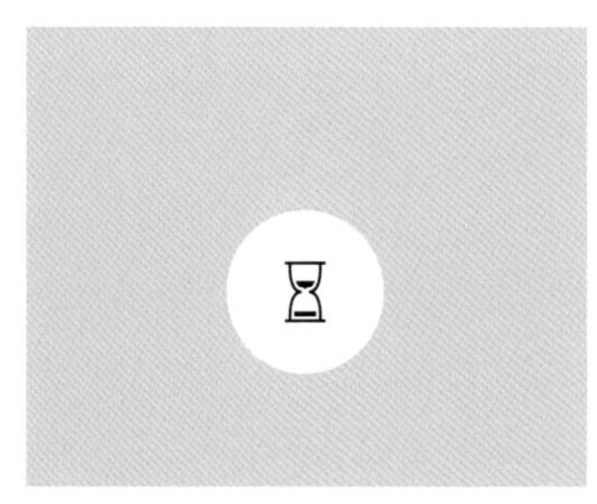

6 将混合液放入冰箱冷藏。

7 用搅拌器打发蛋清，放入少许白砂糖，直到蛋清出现紧实而湿润的泡沫。注意蛋清的用量，要与混合液相宜，打发后的蛋清量会成倍增加。

提示!

也可使用打蛋器。

8 将打发的蛋清小心并快速地倒入橙汁混合液里。

为什么?

要在打发蛋清泡沫萎缩之前混合好。

9 这时混合物的质地浓稠。

制作

10 用刷子在狮头碗内壁刷一层黄油，从底部向高处刷，便于舒芙蕾膨起。

11 将舒芙蕾混合物填满。

12 用抹刀刮掉多出的部分。

13 用手指在碗边缘刮出一条缝隙。

14 从上面看，舒芙蕾的表面必须非常平滑。

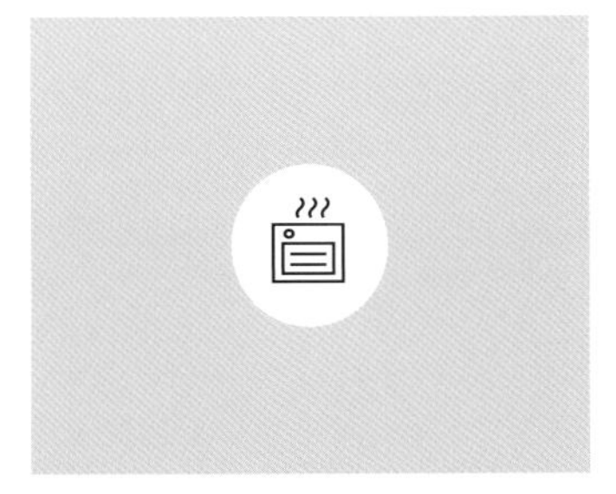

15 将烤箱温度设置为190℃，烘烤11分钟，至舒芙蕾膨起，即可出炉。

主厨建议

- 舒芙蕾是让所有厨师纠结的一道甜点。它能膨起来吗？它能支撑得住不会瘪回去吗？这道菜谱能保证永远做出成功的舒芙蕾，因为蛋清能给舒芙蕾一层厚实的保护边，使其在边缘内膨胀并支撑着它不会瘪回去。
- 如果期望展示出炫目的效果，可以用金万利力娇酒点燃舒芙蕾，但不要让舒芙蕾上色太重。
- 掌握了这道甜点的做法后就可以制作柠檬舒芙蕾、苹果舒芙蕾，甚至葡萄舒芙蕾了。

基本技巧

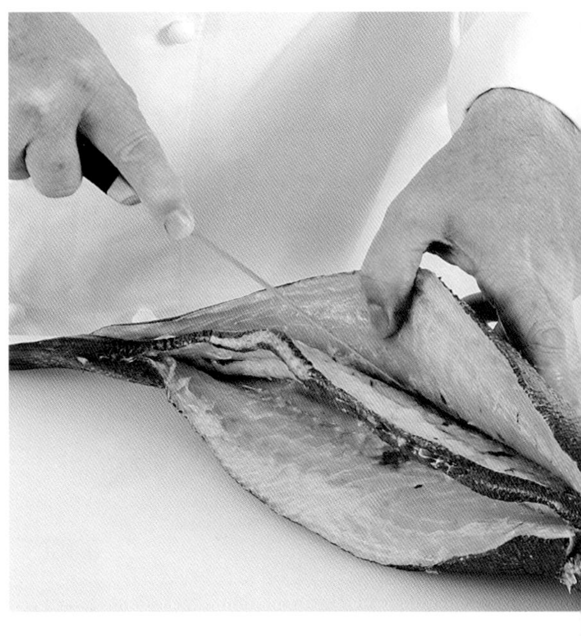

准备工作

澄清黄油　CLARIFIER DU BEURRE

澄清黄油可以分离出黄油中的杂质。澄清后的黄油有多种不同用处：可以使烤肉更有光泽，加热爆炒某些食材，或制作酱汁，如贝夏梅尔奶油酱（▶ 见第316页）或荷兰酱（▶ 见第308页）。

工具

尺寸适合的锅（最好用不锈钢锅）
碗
汤匙、漏勺或大勺（撇浮沫用）

原料

黄油

1 将黄油放在锅里加热。

2 黄油化开后，杂质会浮在表面。

3 用汤匙将杂质撇出。

4 将杂质盛入小碗。

5 将撇掉杂质的黄油倒进另一只干净碗中。

澄清鸡蛋 CLARIFIER UN ŒUF

澄清鸡蛋可以使蛋清和蛋黄分离。不要提早将鸡蛋打到碗里，否则会使蛋液中的细菌成倍增加。

工具

容器（最好用不锈钢锅）
碗

原料

新鲜鸡蛋

1 鸡蛋在碗边缘敲打。

2 用碎蛋壳将蛋黄卡住，让蛋清流进容器里。

提示！

如果需要澄清好几个鸡蛋，应分别打开鸡蛋，并用一只碗盛一个蛋清，防止其中有不新鲜的鸡蛋破坏所有鸡蛋。

3 将蛋黄留在碎蛋壳中，使剩余的蛋清流进容器里。

4 用手指挡住蛋黄，从蛋壳里倒出残留的蛋清。

5 将留在蛋壳里的蛋黄倒进另一个容器里。

制作白色芡料　FAIRE UN ROUX BLANC

芡料是为了给液体勾芡，可以是金色、白色或棕色。用于制作浓汤、酱料或浇汁，用途多样且广泛。

这道菜谱主要介绍白色芡料的做法，白色芡料可用于烹调白色酱料或贝夏梅尔奶油酱（见第316页）。

工具

尺寸合适的锅（最好用不锈钢锅）

抹刀或打蛋器

原料

面粉 50%

鲜黄油 50%

1 将鲜黄油在锅里化开。

2 放入面粉。

提示！

为了成功制作出芡料，需要用等量的黄油和面粉，并慢慢熬制，才能最大限度地达到适合的黏稠度。

3 搅拌均匀。

4 熬煮5分钟。

香草、水果和蔬菜

切香草　CISELER DES HERBES

切香草需要准备长砧板，惯用右手的人要将香草放在砧板左边，将切碎的香草放进右手边的碗里，惯用左手的人则应按照相同方式从相反方向进行操作。

切香草时速度要快，因为香草很容易干枯、受损。

工具

刀
砧板
碗

原料

新鲜香草（小茴香、罗勒、香芹等）

1 将新鲜香草洗干净，择下叶子。

2 将叶子叠成小堆，用手轻轻按住，将叶子切成细细的碎末。

3 将香草切碎后，放进碗里。

制作香草束 FAIRE UN BOUQUET GARNI

香草束在法式西餐中非常实用，尤其在烹调法国南部美食时，香草束能为菜肴增香。要将大葱叶洗净，包裹香草束。

工具

细绳

原料

大葱叶 1～2片
香芹 1～2根
百里香 几枝
月桂叶 1片

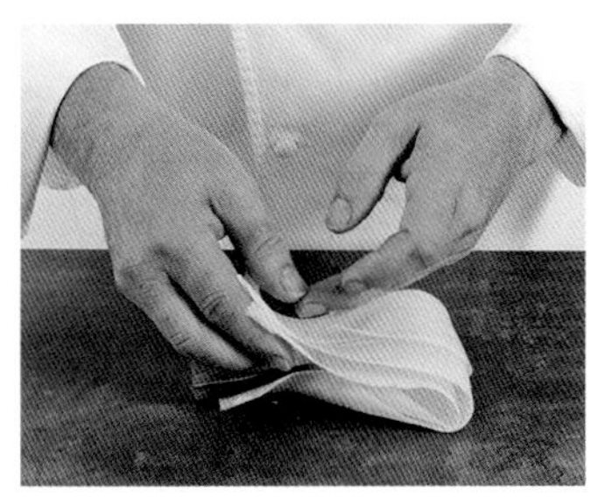

1 将大葱叶折叠成双层。

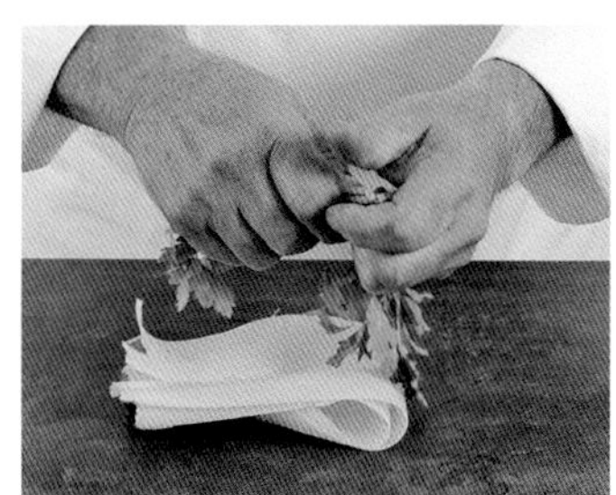

2 将香芹折叠。

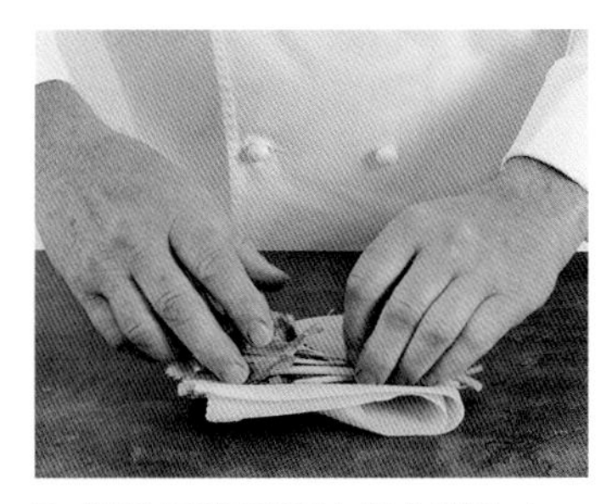

3 将折好的香芹放在大葱叶上。

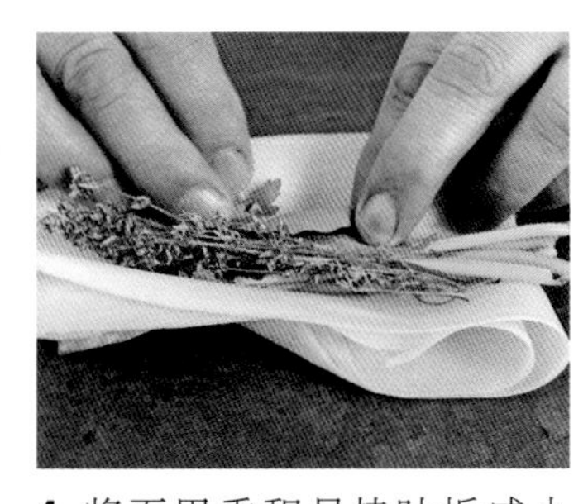

4 将百里香和月桂叶折成小段，放在大葱叶上。

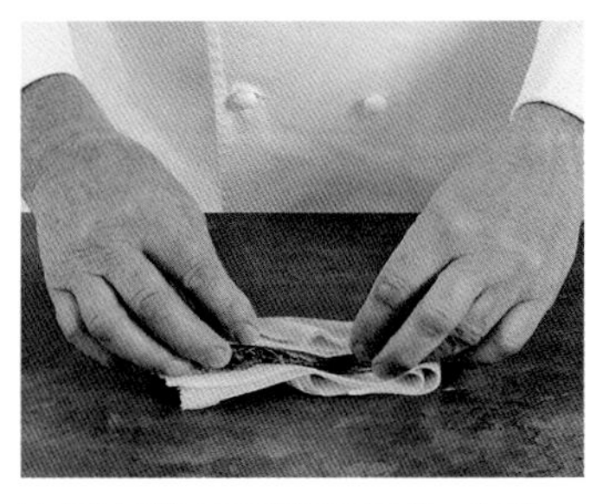

5 用大葱叶将香草卷起来，包住。

6 用细绳紧紧绑好香草束。

切洋葱或小洋葱头 CISELER UN OIGNON/UNE ÉCHALOTE

惯用右手的人将洋葱或小洋葱头放在左边，将切好的洋葱粒放在右边的碗里。

如果在切的过程中食材变黑，可以用凉水冲洗并晾干。

工具

刀
砧板
碗

原料

新鲜的红洋葱或白洋葱
新鲜的小洋葱头

1 将洋葱去皮、洗净，一切为二。

2 将切成两半的洋葱放在砧板上，从根部下刀，纵向切。

为什么？

从洋葱根部开始切，洋葱形状不易散开。

3 再从水平方向切开，用手指按住顶端，将其固定住。

4 最后，将洋葱切成薄且形状规则的洋葱粒。

西红柿去子和切块　ÉPÉPINER ET CONCASSER UNE TOMATE

给西红柿去子和切块前，要先去皮，然后放在砧板上。惯用右手的人将整个西红柿放在左边，将切碎的西红柿块放在右边的碗里，惯用左手的人则应按照相同方式从相反方向进行操作。

西红柿切块后，需尽快使用。

工具

刀
砧板
碗

原料

新鲜西红柿

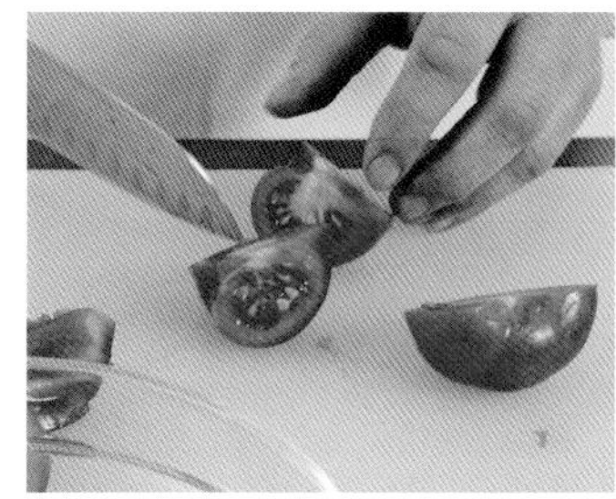

1 将西红柿洗净、去皮（见第349页）后，切成4块。

2 将每块西红柿里的子去掉。

3 将西红柿切成大小规则的块。

西红柿去皮 MONDER DES TOMATES

这种方法能够轻松剥掉西红柿最外层的皮，并保留果肉。去皮的西红柿一定要尽快使用。

工具

刀
漏勺
锅
沙拉碗

原料

新鲜西红柿

1 将西红柿洗净、去蒂，在顶端划十字花刀。

2 将整个西红柿浸泡在沸水中约10秒。

3 用漏勺盛出西红柿。

4 将西红柿浸泡在凉水中。

5 此时西红柿外层的皮与果肉分离。

6 将西红柿皮剥去。

蔬果切丁　TAILLER EN BRUNOISE

蔬菜和水果可以用不同的方式切，操作时需要将食材摆放在砧板上，惯用右手的人将食材放在左边，再将切好的食材放进右边的碗里，惯用左手的人则应按照相同方式从相反方向进行操作。

蔬菜丁约2毫米见方。

工具

刀
砧板
蔬果切割器（非必需）
碗

原料

新鲜水果或蔬菜（胡萝卜、芹菜、葱、土豆、芒果等）

1 将蔬菜或水果洗净、去皮，切成厚度均等的薄片。

提示！
也可用蔬果切割器切片。

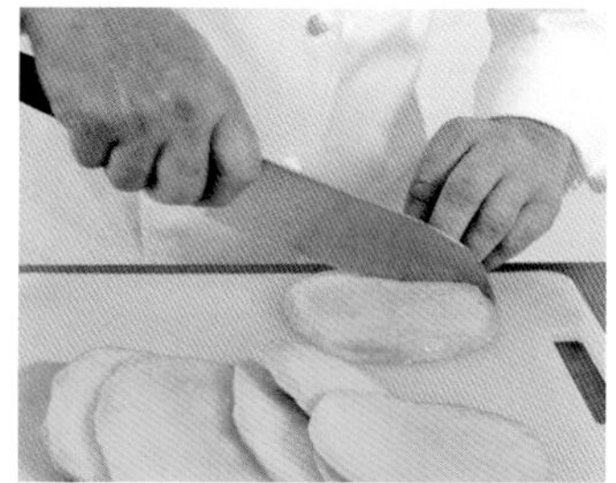

2 将蔬果片叠放在一起，均匀地切成条。

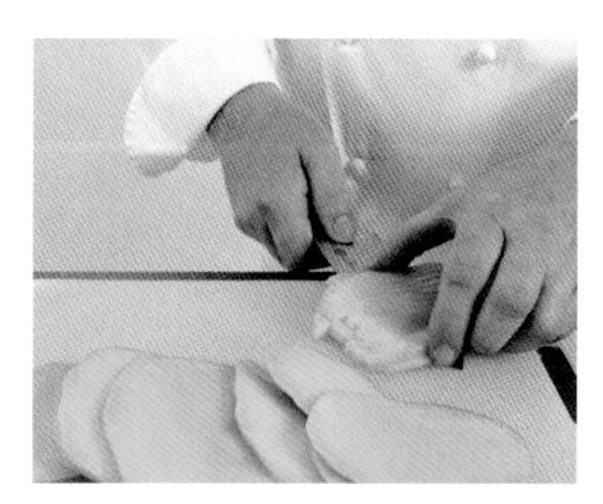

3 按住，从中间横切。

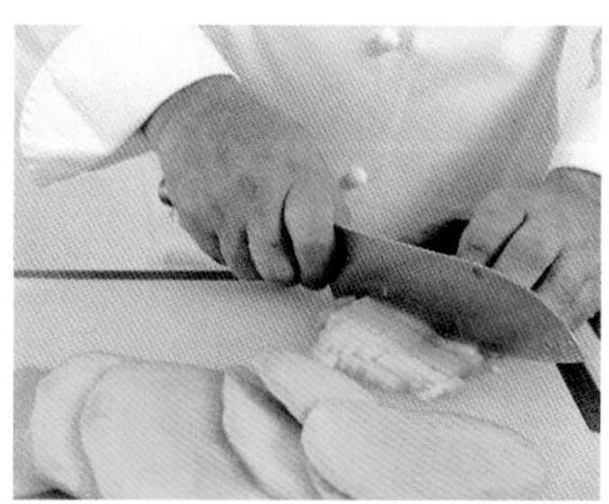

4 继续切出2毫米见方的蔬果丁。

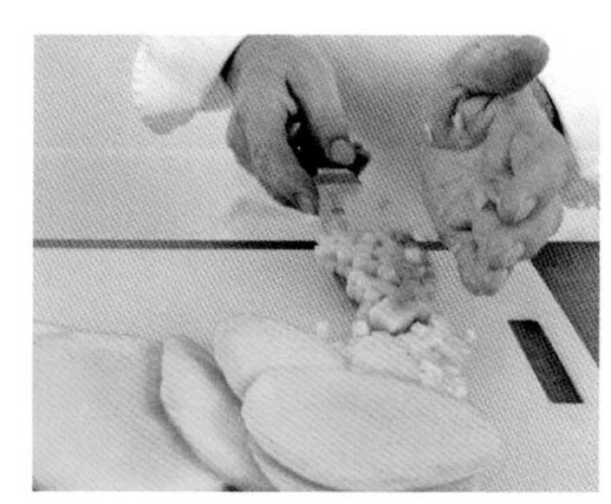

5 将蔬果丁放在容器里。

蔬果切粒　TAILLER EN MATIGNON

蔬菜和水果可以用不同的方式切，操作时需将蔬果放在砧板上，惯用右手的人将食材放在左边，切好后放进右边的碗里，惯用左手者则需按照同样方式从相反方向进行操作。

切粒的方法和切丁的方法一样，只是粒的尺寸更小（0.5~1毫米见方）。

工具

刀
砧板
蔬果切割器（非必需）
碗

原料

新鲜蔬果（胡萝卜、芹菜、葱、土豆、芒果等）

1 将蔬菜或水果洗干净，去皮，将其切成厚薄均等的薄片，厚度约0.5毫米。

提示！

也可用蔬果切割器切片。

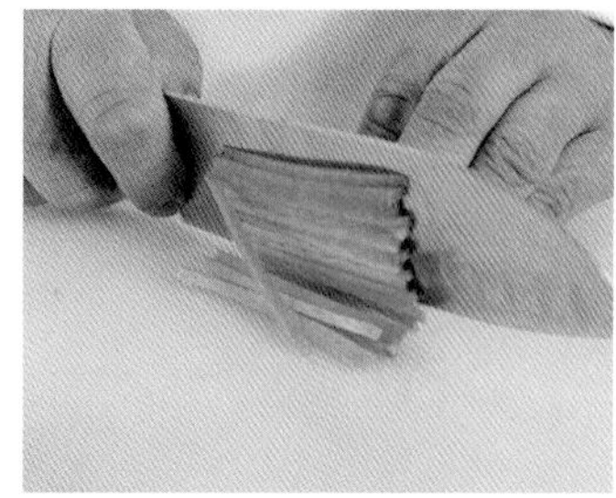

2 将切成薄片的蔬果片叠放在一起，均匀地切成条状。

3 一次取一部分蔬果条，聚拢成一小簇，用手按住。

4 将蔬果条切成边长0.5~1毫米左右的蔬果粒。

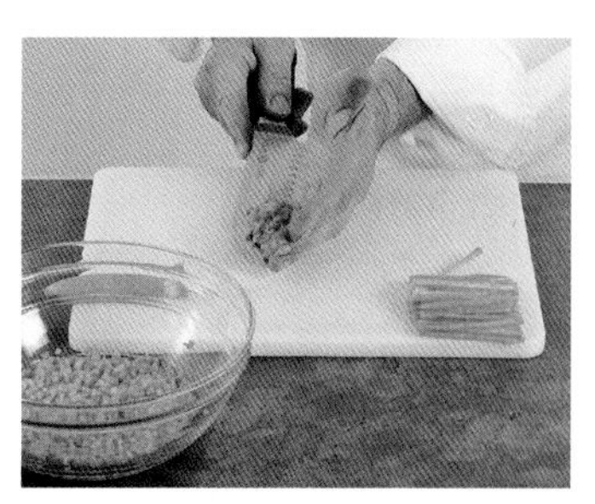

5 将蔬果粒聚拢，放在左边的容器里。

蔬果切三角形块　TAILLER EN PAYSANNE

蔬菜和水果可以用不同的方式切，操作时需要将食材摆放在砧板上。惯用右手的人将食材放在左边，随后将切好的食材放在右边的碗中，惯用左手的人则应按照相同方式从相反方向进行操作。三角形块用于烹调乡村蔬菜汤（见第90页）、提味配菜或诺曼底汤。

工具

刀
砧板
碗

原料

新鲜蔬果（胡萝卜、芹菜、葱、土豆、芒果等）

1 将蔬果洗净、去皮。

2 如蔬果体积较大，可以先切成均匀的厚片。

3 再将蔬果片切成条（如切胡萝卜时，不要跳过切片的步骤）。

提示!

当切椭圆形蔬果时，切片应当斜切，再次切块就能切出三角形。

4 随后切三角形块。

蔬果切块 TAILLER EN MIREPOIX

蔬菜和水果可以用不同的方式切，操作时需要将食材摆放在砧板上。惯用右手的人将食材放在左边，随后将切好的食材放在右边的碗中，惯用左手的人则应按照相同方式从相反方向进行操作。

块比丁的体积大（约1厘米见方）。

工具

刀
砧板
碗

原料

新鲜蔬果（胡萝卜、芹菜、葱、土豆、芒果等）

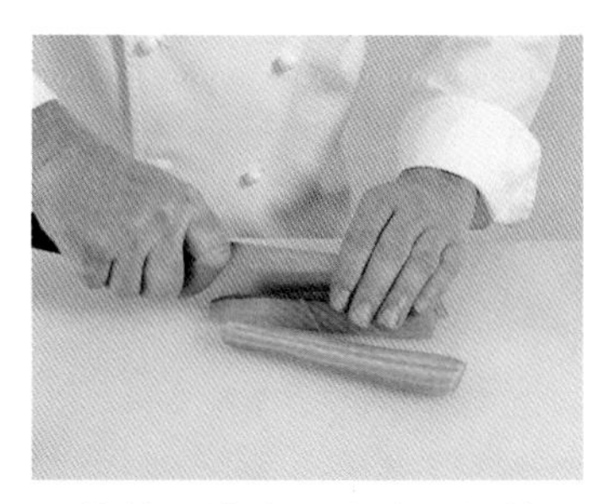

1 将蔬果洗净、去皮、切块，不用切除根茎等部分。

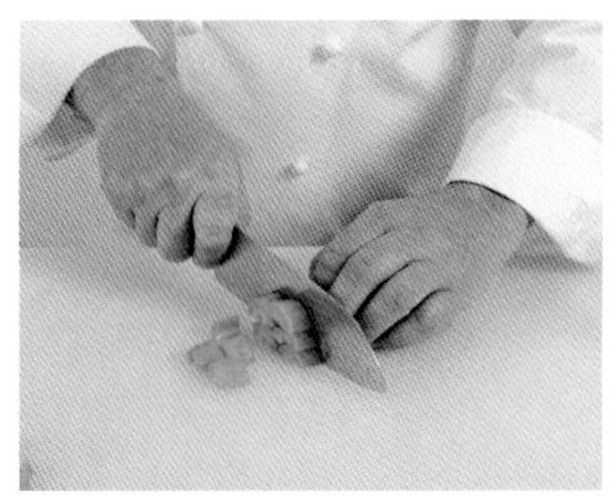

2 将蔬果块叠放，用手按住，切成需要的大小。

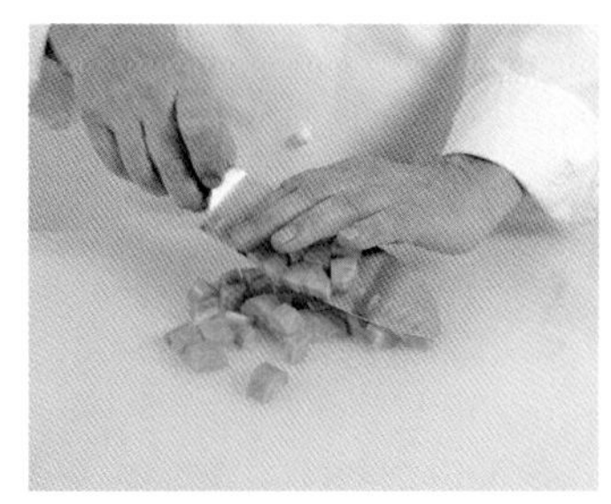

3 将蔬果块放进右手边的碗中。

鱼类

切分鱼肉　LEVER UN FILET DE POISSON

鱼肉是非常脆弱的食材，切忌在冷藏时破坏鱼肉，也不要长时间放置在室温下，会产生细菌，导致鱼肉肉质腐败。

尽可能不要让鱼肉沾水，如需清洗，则应在流水中快速冲洗。

要想知道鱼肉是否新鲜，最基本的方法是观察鱼眼是否灵活，肉质是否紧实，鱼鳞是否鲜红。鲜鱼的腥味很小、几乎察觉不出，色泽光亮，鳞片会反射出金属的光泽。

切分鱼肉可以帮助分割出鱼块，便于烹调。切分鱼肉的方法很多，这里介绍最常见的方法。

工具

剪刀
西式片鱼刀
砧板
去鱼刺镊子

原料

鲜鱼

1 将鱼平放在砧板上，用剪刀剪掉鱼鳍。

2 鱼尾对着操作者，从鱼骨上方在鱼背上切一条口。

3 刀尽可能贴近鱼骨，将鱼片开，尽量片干净，不要让鱼肉留在鱼骨上。

4 将鱼翻面，再用刀划开另一面的鱼肉和鱼骨。

5 进一步沿着鱼骨切割鱼肉。

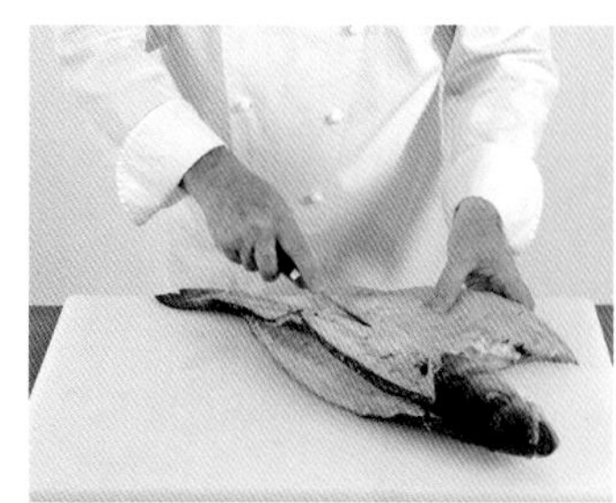

6 将鱼肉切下来。

7 用去鱼刺镊子去掉鱼刺（▶ 见第356页）。

8 将鱼腹部的脂肪切掉。

9 将片鱼刀贴近鱼皮，在鱼肉下方切入。

10 拽住鱼皮，用刀片下鱼肉。

去鱼刺　DÉSARÊTER UN FILET

去鱼刺的必要步骤是去除残留的小刺。

注意去鱼刺时不要破坏鱼肉组织，鱼肉非常脆弱，去鱼刺时要非常小心。

工具

去鱼刺镊子
砧板
碗

原料

鲜鱼排

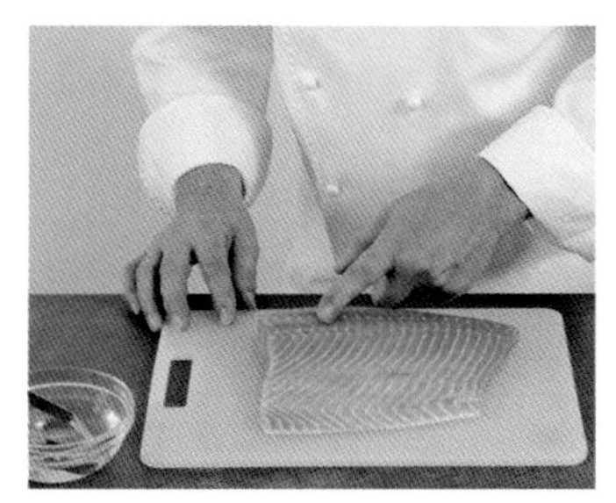

1 将鲜鱼排放在砧板上，旁边放一个盛满水的碗，用于盛放鱼刺。

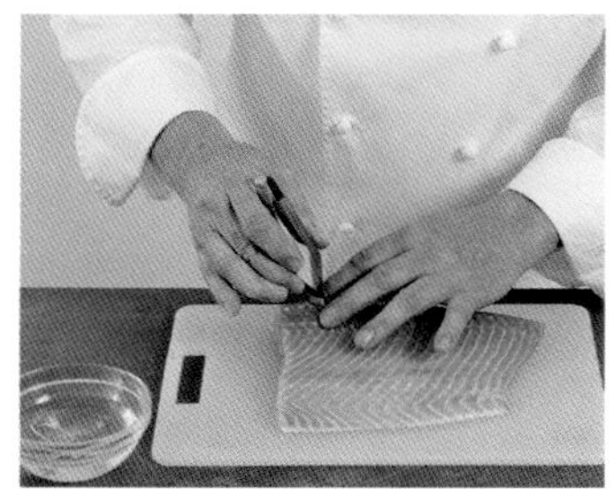

2 用去鱼刺镊子将鱼排上的刺夹掉。

3 将鱼刺放到盛满水的碗里，重复操作直至去掉所有鱼刺。

肉类

准备肋排　PRÉPARER UN CARRÉ

质量好的肉必须质地紧实，按压时有弹性，并呈现出鲜亮的颜色（牛肉或羔羊肉呈嫩红色，小牛肉呈光亮的白色，猪肉呈浅粉色），主要的骨头周围还必须带有一层白色的脂肪，烹调前需要去除脂肪层。

小牛、猪或羔羊等动物肋骨附近的部分就是肋排。可以根据不同的食材，选取不同的酱料或配菜来进行烹调。烹调肋排时，按照每人食用225～250克来准备食材。

工具

切肉刀
切肉砧板
碗

原料

大块肋排（约3千克）

1 将肋排上的脂肪和血管等杂质去掉，露出肋骨。

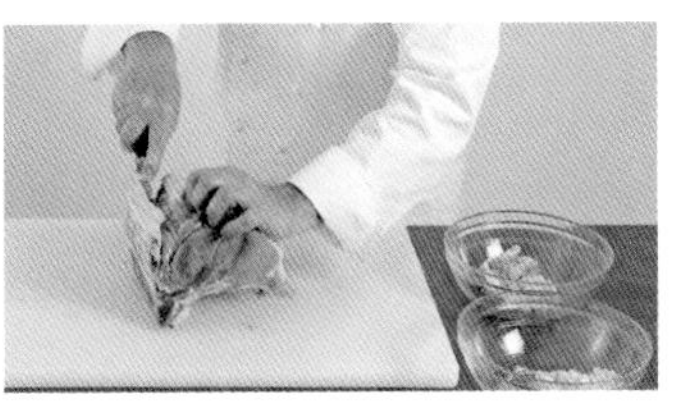

2 将表面的脂肪切掉，放入碗里。

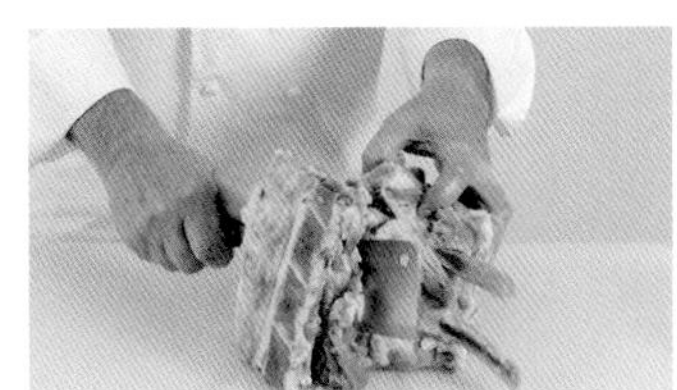

3 翻面，切掉另一侧的脂肪。

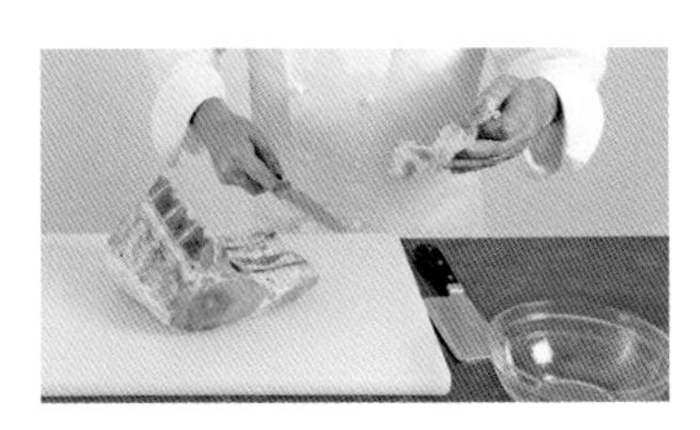

4 去掉脂肪后，能清楚地露出肋骨。

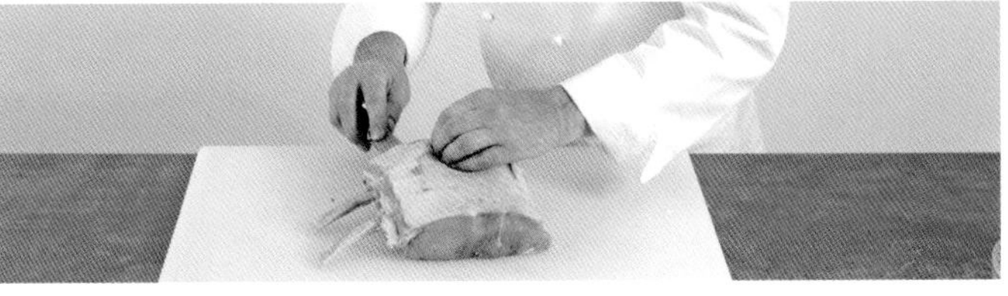

5 将肋骨前端的瘦肉切掉。

提示！

将切掉的肉备用，可以用来烹调高汤。

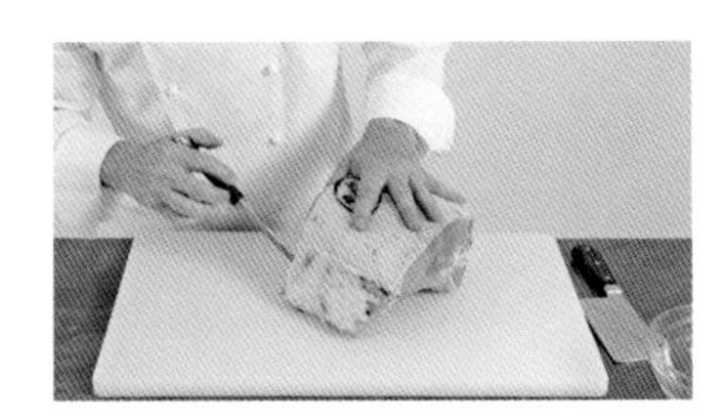

6 将肋排翻到另一面，去掉附着在椎骨上的脂肪。

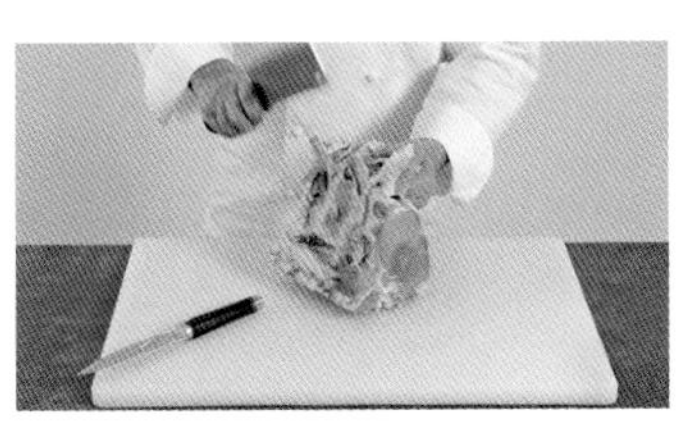

7 将椎骨去掉。

8 将肋排上残留的脂肪去掉。

家禽

加工家禽　HABILLER UNE VOLAILLE

质量上乘的家禽肉可以从重量（重）和气味（淡）上判断。

家禽肉指公鸡肉、母鸡肉、鹌鹑肉或鸽子肉。加工家禽有以下几个必要的步骤：灼烧表皮、去除筋膜和血管等难咀嚼和烹饪的肉、清理内脏。

工具

切肉刀
切肉砧板
碗
喷枪

原料

肉质佳的家禽

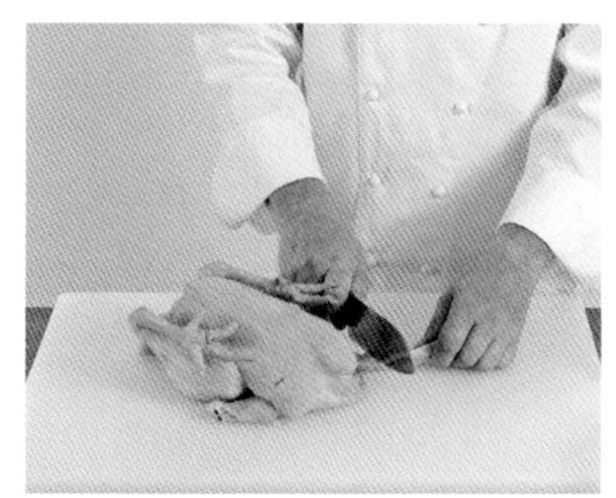

1 切掉翅膀。

2 切掉爪。

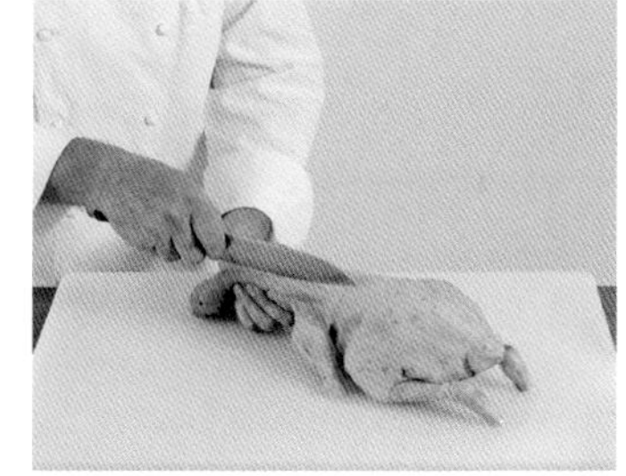

3 将家禽腹部朝下，从脖子处竖切。

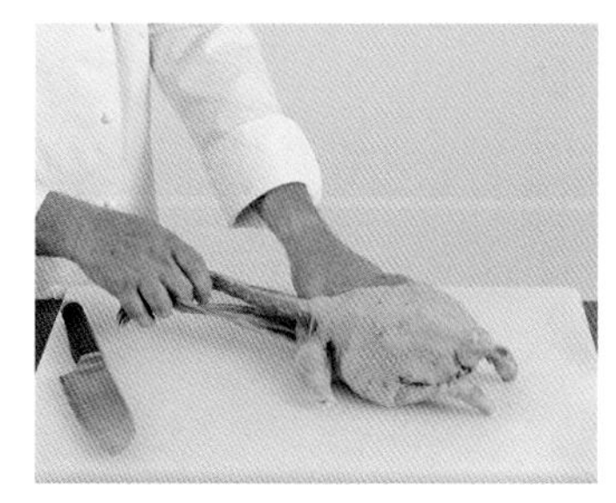

4 撕开皮。

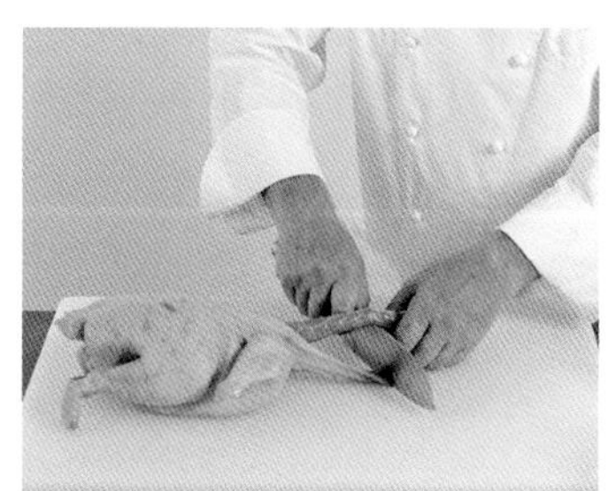

5 将皮切掉。

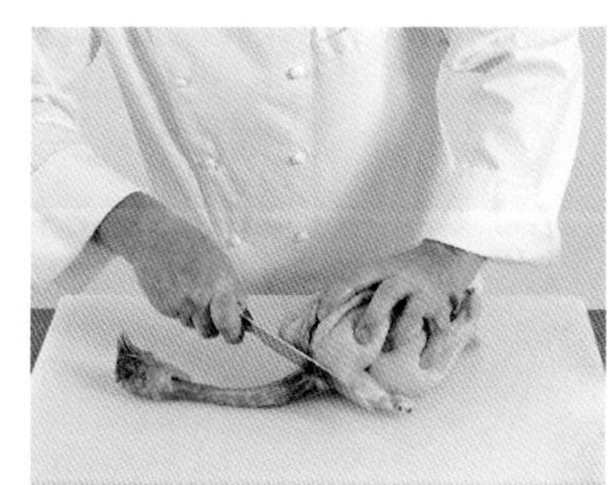

6 从椎骨处切掉脖子。

7 继续切开。

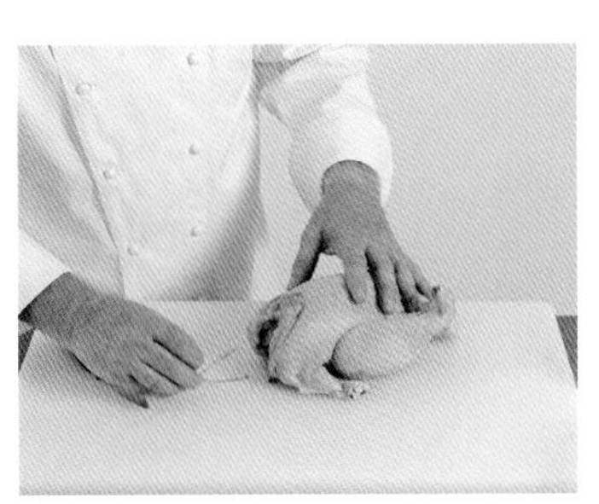

8 小心取出胸骨，注意不要破坏形状。

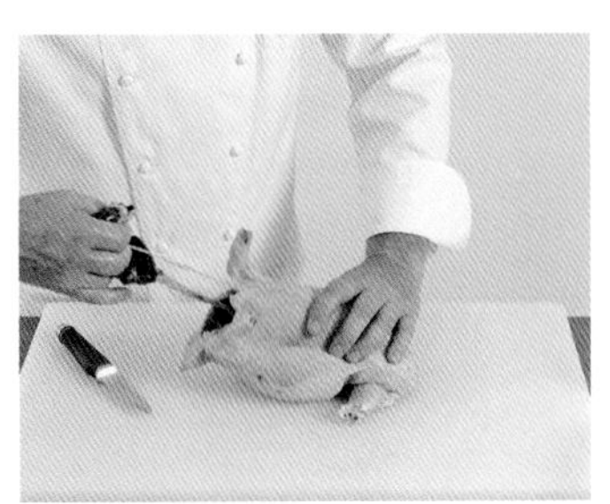

9 将内脏（心、肝、肫等）全部掏空。

10 用喷枪将表皮上的小绒毛烧掉，但不要将皮灼伤。

11 加工内脏：将肝上的血管去掉。

12 将肝两侧的囊切除，注意不要弄破。

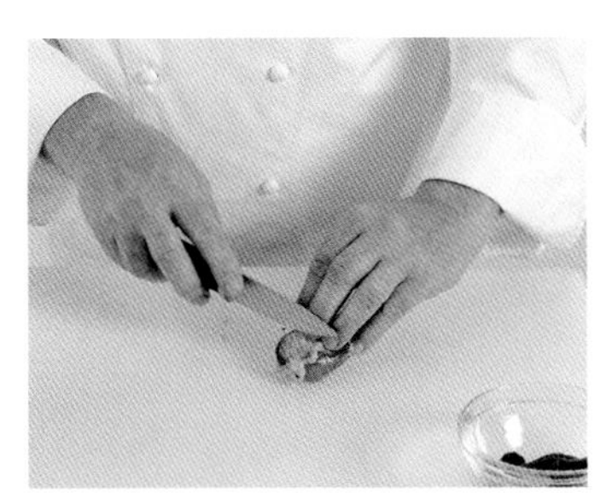

13 去除肫部的脂肪。

14 将肫部横切。

15 撕掉心上的薄膜和血块。

捆扎翅膀和爪　BRIDER UNE VOLAILLE

正确捆扎翅膀和爪能使家禽在烹调过程中受热均匀。捆扎前准备一根针和长约70厘米的细绳，绳子不仅用于捆扎，最后还要打结。

工具

捆扎针
细绳
砧板

原料

肉质佳并处理好的家禽

1 将家禽上部缝起来：从家禽一边腿部尖端的位置穿针，经过椎骨下侧，穿至另一边的腿部尖端。

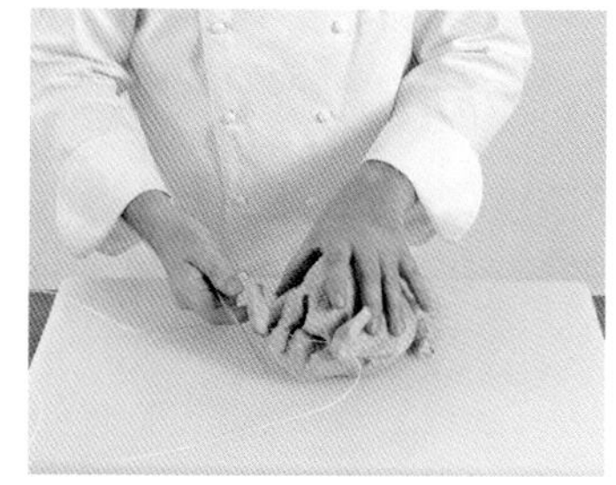

2 将细绳拽出，勒紧。

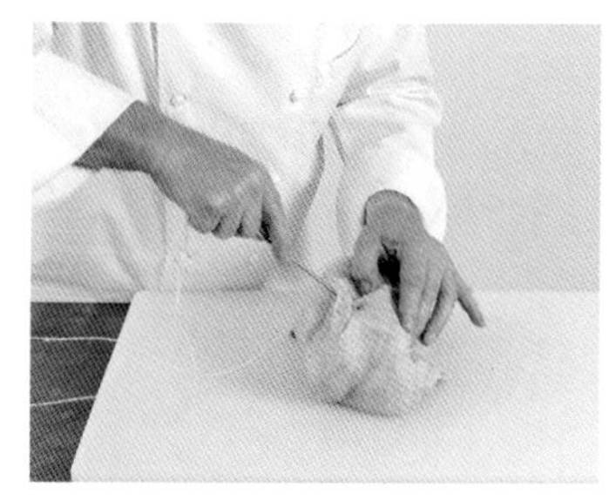

3 将家禽背部朝下，在翅膀处穿针。

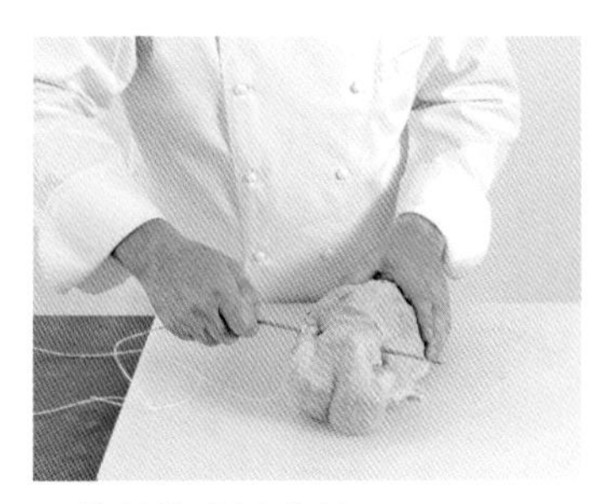

4 将针线穿过盆骨。

5 将细绳从另一端拽出，勒紧。

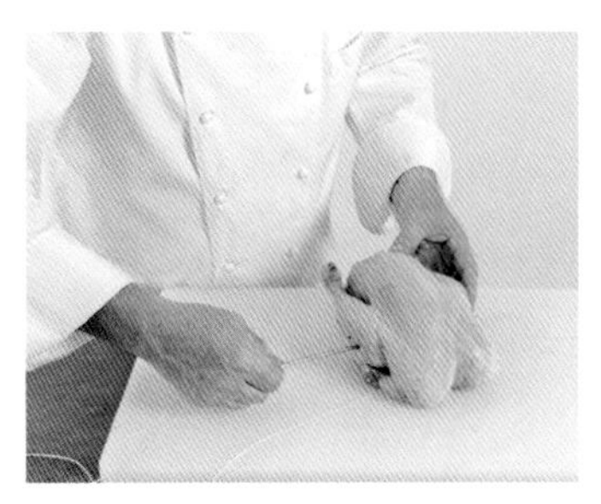

6 再将家禽翻到另一面，从腿部的脂肪处穿针。

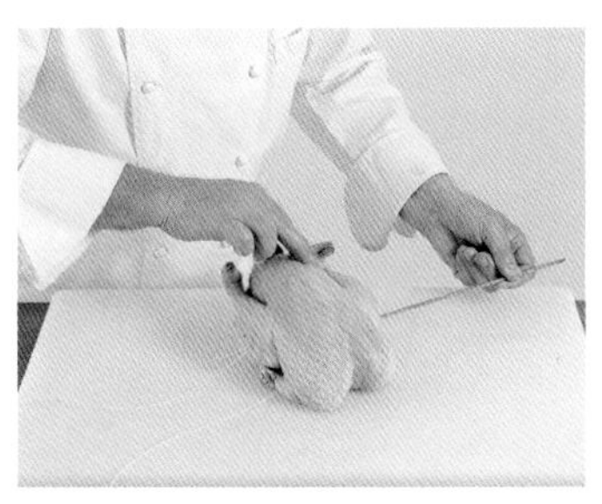

7 将针从另一端拽出。

8 尽可能系紧。

9 将家禽侧面朝上，细绳两端打结。

高汤

制作棕色牛肉高汤 FAIRE UN FOND BRUN DE VEAU

制作高汤（白色或棕色高汤）是制作酱料的基础。

高汤主要分为两类：白色小牛肉、家禽、牛肉、鱼高汤等；棕色小牛肉、家禽、羔羊、猪肉高汤等。

制作高汤时的食材选用原则取决于烹调的主菜食材（如制作大菱鲆的鱼酱汁需要用大菱鲆制作）。由于食谱的多样，在此无法详尽列举所有的高汤做法，以下方法适用于大多数高汤的烹调。

工具

切菜刀
剔骨刀
剁骨锯（非必需）
砧板
烧烤盘
炖锅
漏勺（撇浮沫用）
长柄汤勺
斗笠状过滤器

原料（制作1升高汤）

小牛腿边角肉、腿骨和骨头 1千克
胡萝卜 100克
洋葱 100克
蒜 100克
西红柿（或西红柿酱）200克
香草束 1捆
粗盐（非必需）适量

1 将所有骨头和肉切块。

2 放在烤盘里，放入烤箱烤至微微上色。

3 胡萝卜、洋葱去皮，清洗干净，切成丁。

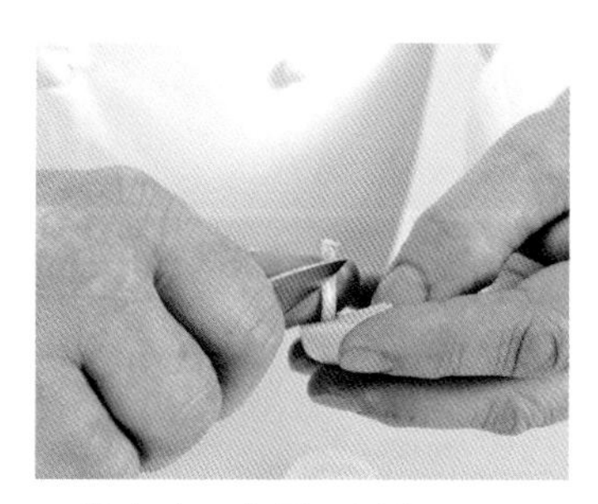

4 蒜去皮、去梗、压碎。

5 将西红柿切丁。

注意！

西红柿不需要去皮。

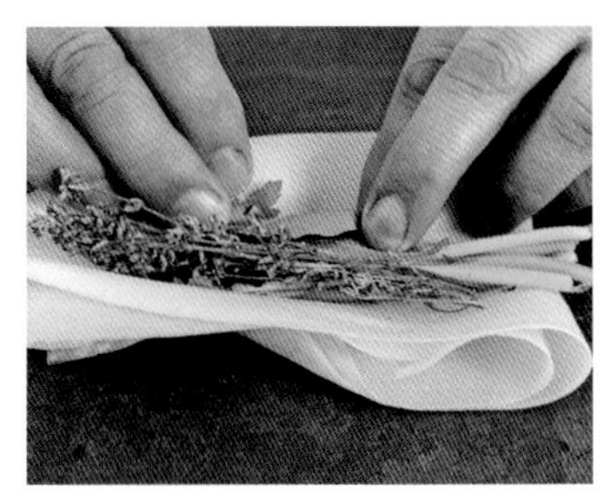

6 准备香草束（▶ 见第346页）。

7 肉和骨头快烤好时，将胡萝卜丁和洋葱丁一起放入烤箱烘烤，随后将烤好的骨头块、肉块和蔬菜丁放进炖锅。

8 在炖锅中倒入凉水，沸腾后撇掉表面的油脂和杂质。

9 加入蒜碎、西红柿丁和香草束。

10 开小火炖至少3小时，期间需不时撇去表面的油脂和杂质。

11 将煮好的汤过滤（不要挤压），过滤后盖上锅盖，冷藏保存。

主厨建议

- 这个基本做法可以用来炖棕色家禽高汤和野味高汤，仅需将牛骨和牛肉换成家禽骨及野味的边角肉即可。但是烹调这两种高汤的时间较短（1.5 ~ 2 小时）。
- 棕色牛肉高汤可以用来烹调西班牙酱，制作方法是将 1.5 升棕色牛肉高汤与 60 克炒制面粉、50 克黄油炒肥肉丁混合。做好后需要用斗笠状过滤器过滤。

制作白色家禽高汤　FAIRE UN FOND BLANC DE VOLAILLE

白色小牛肉或家禽高汤是烹调浓汤的基础。白色高汤也可用来煮蔬菜或肉类。

工具

切菜刀
剔骨刀
剁骨锯（非必需）
砧板
烧烤盘
炖锅
漏勺（撇浮沫用）
长柄汤勺
斗笠状过滤器

原料（制作1升高汤）

家禽肉和内脏 1千克
胡萝卜 100克
洋葱 100克
葱白 200克
芹菜 80克
香草束 1捆

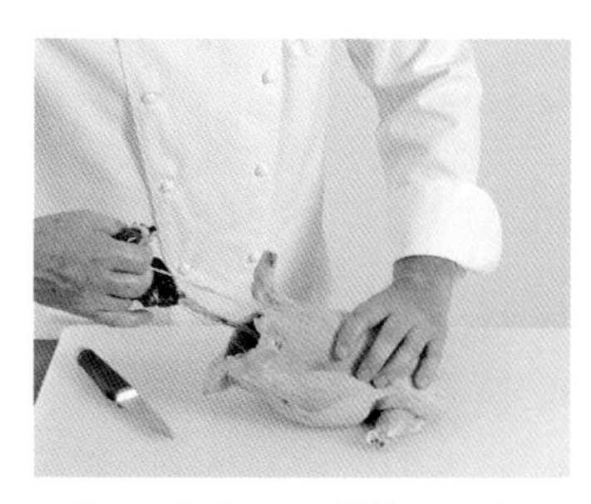

1 加工家禽（▶ 见第358页），将家禽切成大块。

2 将肉和内脏焯水，撇去浮沫。

3 胡萝卜、洋葱、葱白和芹菜去皮、洗净、切大段。

4 将所有食材和香草束（▶ 见第346页）放进炖锅。

5 小火炖煮至少炖45分钟。

提示！

过程中要不时撇去浮沫和油脂。

6 将炖好的汤用斗笠状过滤器过滤，过滤完成后不要立刻使用，盖上锅盖，冷藏储存。

主厨建议

- 以上方法同样可以用于烹调白色小牛肉高汤，只需将家禽肉和内脏换成小牛肉骨。需要注意的是，小牛肉高汤的烹调时间会增加到至少 2.5 小时。
- 烹调过程中不需加盐，在后续制作酱料时再放调料。

制作鱼高汤　FAIRE UN FUMET DE POISSON

鱼高汤是烹调浓汤和鱼类菜肴酱汁的基础，也可用于炖鱼。

不要在鱼高汤里加太多水，否则鱼高汤的味道会因为稀释而变淡。炖煮时间过长会破坏鱼高汤的味道。

工具

切菜刀
砧板
有柄平底锅
抹刀

原料（制作1升高汤）

小洋葱头 100克
蘑菇 2个
大葱 1段
芹菜杆 1段
白肉鱼鱼骨（不要冷冻）1千克
橄榄油 适量
白葡萄酒（非必需）300毫升
水 1升
百里香 1段
月桂叶 1片
香芹根（非必需）适量
盐之花 适量
黑胡椒粒 适量

1 将小洋葱头和蘑菇去皮，留下蘑菇梗，蘑菇切薄片。大葱和芹菜杆洗净、切丁。

2 将白肉鱼鱼骨上的鱼鳞去除干净后（鱼骨浸泡在凉水里，期间换两三次水），刮拭鱼骨，然后切断，沥干水分。

提示！

如果在处理鱼时已经将鱼骨取出，可以将鱼头（去眼珠）和大根的鱼骨切大段。鱼骨和鱼头富含胶原蛋白，可以带来浓郁的味道。

3 将芹菜丁、大葱丁和小洋葱头用橄榄油大火快炒2分钟，炒出水即可。

注意！

无须炒至食材上色。

4 将鱼骨倒入炒好的食材中，再快炒两三分钟，不停翻炒，不要炒变色。

5 锅中加入水或白葡萄酒，浸没所有食材。大火煮至微微沸腾，期间不停搅拌。沸腾后将火调至之前的2/3。

6 加入蘑菇片、百里香、月桂叶和香芹根，撒盐之花和黑胡椒粒。

7 继续熬煮20分钟。

8 鱼高汤煮好后，用斗笠状过滤器过滤。过滤后的汤盖上锅盖冷藏保存（最多24小时），或冷冻保存。

其他

用烘焙纸制作锅盖 FAIRE UN COUVERCLE EN PAPIER SULFURISÉ

工具

烘焙纸1张
剪刀
炒锅或有柄平底锅

1 将烘焙纸对折。

2 再次对折。

3 将两个对角对折，不必均等（对折后的上面部分略超出下面部分）。

4 像折纸飞机一样再将纸对折。

5 将纸整理平整。

6 将折好的烘焙纸放在锅上方，纸尖朝向中心，量出从中心到锅边缘的距离，用剪刀标记。

7 用剪刀将超出部分剪掉。

8 将烘焙纸展开，放在锅上方。

9 盖在锅上。

10 将烘焙纸的边缘折起来。

折叠餐巾

洋蓟形餐巾

LE PLIAGE EN ARTICHAUT

1 将餐巾展开。

2 如果餐巾是正方形的，可以直接跳到第3步。如果是长方形的，需要先将左右两边向内折，将餐巾折成正方形。

提示！

将餐巾一边折好后，沿对角线折三角形，以此来划定折叠另一边时的界限。

3 将远端的两角向餐巾中心折。

4 将近端的两角也用同样方式折，折出一个小正方形。

5 将小正方形的4个角向内折。用食指按住边角，固定已经折好的部分。

6 将每个角都折向中心。

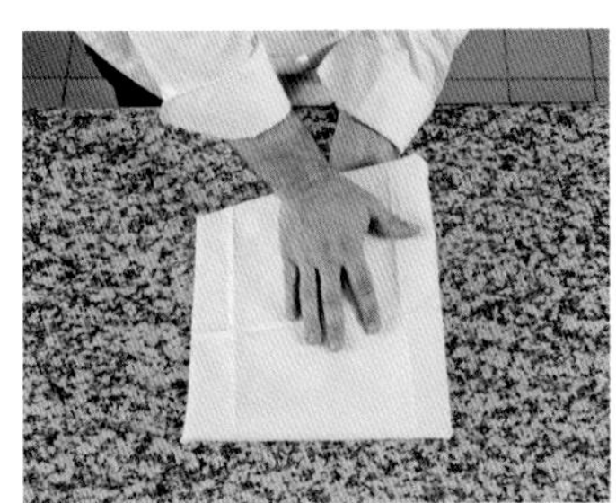

7 将餐巾翻面。

8 再将4个角向中心折。

9 不要翻转餐巾，确定此时餐巾底部中心开口的位置。

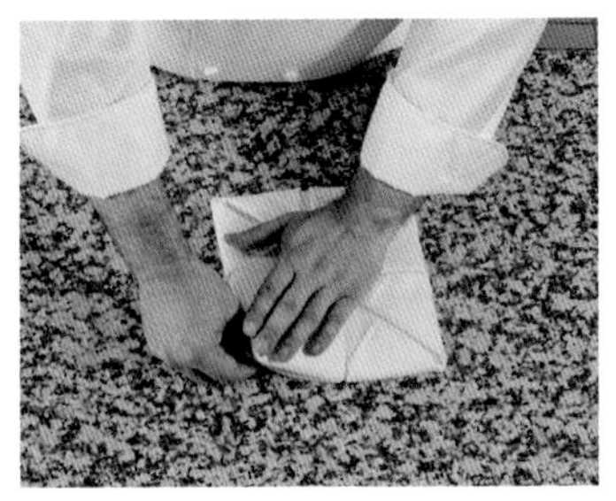

10 从上方用手按住餐巾，将餐巾从底部开口翻向上面。

11 翻上来的部分会被手遮住一部分。

12 用同样的方式翻转其他3个角。

13 将指向中心的角向后方翻折，露出内部。

14 洋蓟形餐巾完成。

垫子形餐巾

LE PLIAGE EN COUSSIN

1 将餐巾展开。

2 如果餐巾是正方形的，可以直接跳到第3步。如果是长方形的，需要先将左右两边向内折，将餐巾折成正方形。

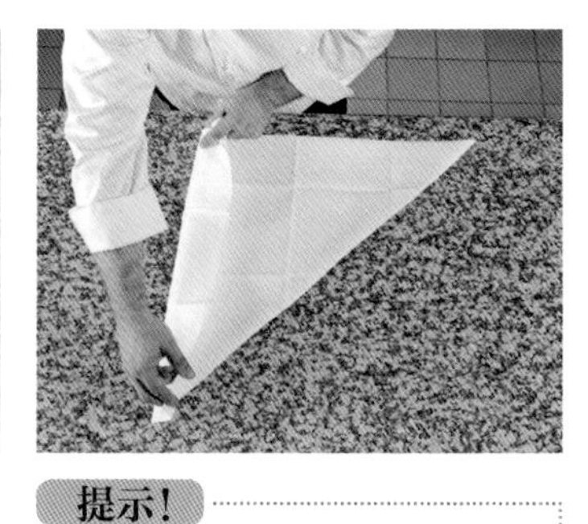

提示！

将餐巾一边折好后，沿对角线折三角形，以此来划定折叠另一边时的界限。

3 将餐巾的4个角向中心折，折出小正方形。

4 将餐巾整理平整。

5 将餐巾翻面。

6 再将餐巾的4个角折向中心。

7 用拇指按压折痕，并且整理平整。

8 折出一个形状规整的正方形。

9 再将餐巾的4个角折向中心。

10 将餐巾翻面。

11 餐巾翻面后，4个角会掉下来。

12 将掉下来的4个角在下方向中心折。

13 4个角都折起来。

14 垫子形餐巾完成。

贡多拉船形餐巾

LE PLIAGE EN GONDOLE

1 将餐巾展开。

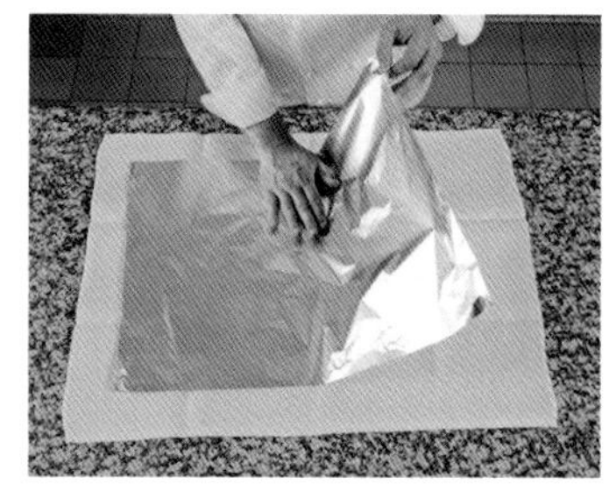

2 准备一大张锡纸，对折。

3 将折好的锡纸放在餐巾左上角。

4 按住左上角，将餐巾和锡纸的边缘一起向对角线折（像折纸飞机一样）。

5 同样将另一边也折向对角线，注意不要重叠。

6 将两边再折一次。

7 整理平整。

8 将一边覆盖在另一边上。

9 用拳头使劲按压折痕。

10 将尖端捏紧，用指甲掐出一个折痕。

11 用食指顶住餐巾的尖端，拇指掐住，另一只手固定住餐巾，将尖端弯折。

12 继续折叠。

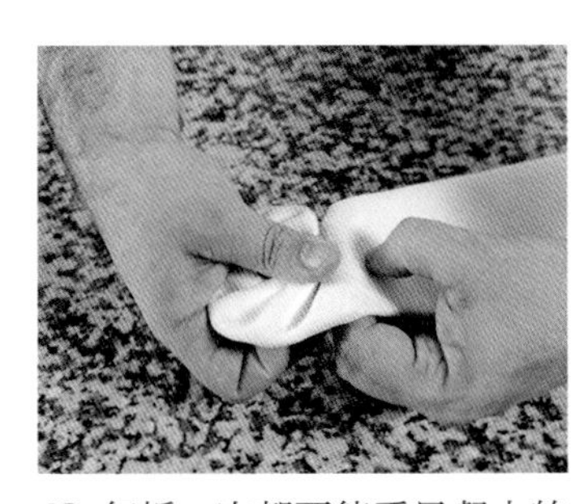

13 每折一次都要能看见餐巾的折痕，折痕随着厚度的增加也越来越多。

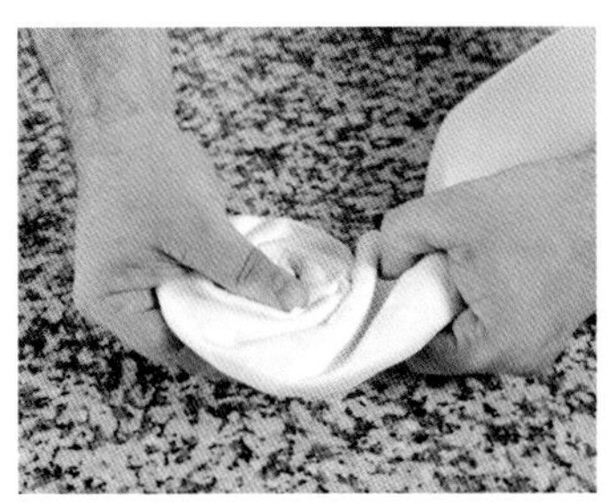

14 可以将餐巾折叠成蜗牛壳形。

15 折到剩余1/3处即可，随后将餐巾放在操作台上。

16 松开手。

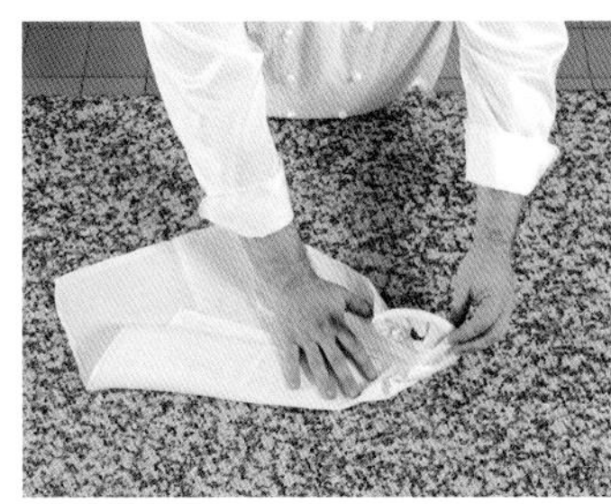

17 将餐巾平放。

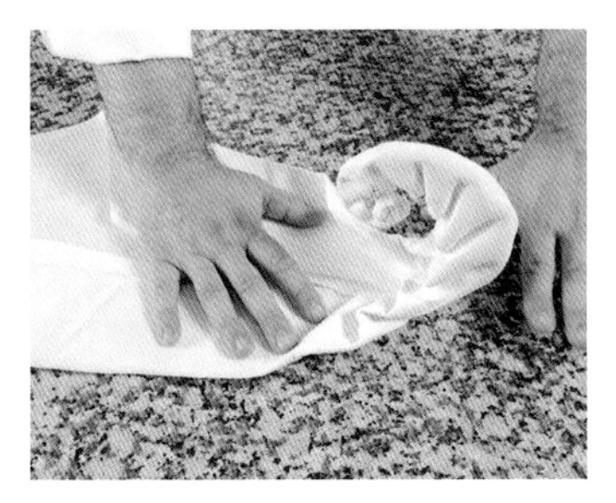

18 将餐巾尾部整理平整，此处之后会摆盘子。

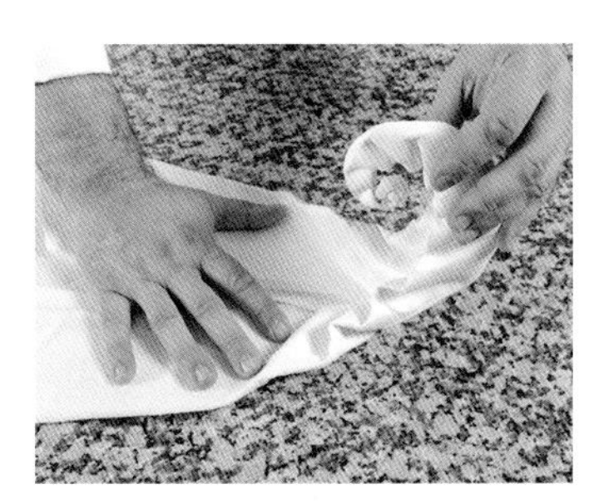

19 将贡多拉船形餐巾的船头部分向高处拽，使形状更加优美。

附录

作者简介

纪尧姆·戈麦
Guillaume Gomez

纪尧姆·戈麦（Guillaume Gomez）拥有无数头衔和荣誉，法国最佳工匠之一、爱丽舍宫首席厨师、欧洲厨师协会法国分会主席、骑士勋章获得者、农业勋章官员、文学艺术勋章官员、棕榈学术奖章获得者等等。

1993 年纪尧姆·戈麦进入 Le Traversiere 餐厅，师从强尼·贝纳利雅克（Johny Bénariac）大厨，两年的学徒经历开启了他的厨师生涯。强尼·贝纳利雅克倾其所有向纪尧姆传授烹调技艺，这成为纪尧姆职业生涯里最重要的一部分。

在经过完整的学徒训练后，纪尧姆紧随贝纳利雅克，成为烹调野味的专家。随后，他进入雅克·勒第维莱克（Jacques Le Divellec）位于巴黎荣军院的二星餐厅学习，雅克·勒第维莱克的烹调强项是海鲜。在那里，纪尧姆进一步探索法式大餐的烹调技艺，并学到了严格的厨师团队运作程序，这是他从家庭、作坊式的操作向 20 人的厨师团队过渡的阶段。此时，年轻的纪尧姆尚处在厨师的最底层，凭借着勤奋和耐心，他获得了主厨的赏识，并逐级晋升。在餐厅工作了仅 6 个月后，雅克·勒第维莱克就任命纪尧姆负责质量管理的工作，并委托其行使部分大厨的权利，参与管理自己的厨师团队。也就是从那时起，纪尧姆开始接受邀约并为演艺界、商界人士展示厨艺，服务对象从弗朗索瓦·密特朗总统（François Mitterrand）到音乐人埃迪·巴克莱（Eddy Barclay）。

3 年后，也就是 1997 年 6 月，纪尧姆·戈麦被推荐到爱丽舍宫主厨乔尔·诺曼（Joël Normand）的厨师团队，在那里，纪尧姆发现了完全不同于餐厅的工作方式和节奏。

1998年，20岁的纪尧姆参加了厨师比赛，获得了“国家青年厨师奖”，之后屡次获奖。25岁时，他成为史上最年轻的“法国最佳工匠”奖章获得者。雅克·希拉克总统（Jacques Chirac）在爱丽舍宫宴会大厅的颁奖仪式上为他颁发奖章。

迄今为止，纪尧姆已服务过4任总统，参与过法国及国际的各种重要场合或会议，如G8峰会、G20峰会等。除此之外，他在很多厨师协会担任职务。如法国厨师协会名誉会员，世界厨师协会欧洲大使，并和米歇尔·罗斯（Michel Roth）共同担任主席。他创建并担任法国厨师协会会长，并在世界范围内建立起厨师、面包师的联系网络。他还在G20峰会上担任主厨俱乐部的法国代表，这个俱乐部在全世界都是独一无二的。在美食周期间，他将法国美食介绍到国外，介绍法式料理的烹调技艺、菜肴和独特的法国食品。

正是由于他的参与并将法国美食发扬光大，2012 年纪尧姆获得“法国之光”美食界奖章。2013 年，联合国在曼谷任命他为地理原产地保护行动大使。这是这项荣誉首次颁给两位主厨，另一位是伊恩·齐蒂沙（Ian Kittichai）。2014 年，时任分管庆典饮食的部长指定纪尧姆负责第四届地理原产地保护行动颁奖的餐饮部分。纪尧姆·戈麦是当今世界上最具影响力的法国名厨之一，也是世界范围内法式料理最著名的代言人。

蔬菜切分的不同形状

粒

MATIGNON

块

MIREPOIX

三角块

PAYSANNE

丝
JULIENNE
丁
BRUNOISE
蘑菇丁
DUXELLES

蔬菜和水果时令表

月份	一月	二月	三月	四月	五月	六月	七月	八月	九月	十月	十一月	十二月
杏						■	■	■				
蒜	■	■						■	■	■	■	■
洋蓟						■	■	■	■	■		
芦笋				■	■	■	■					
茄子					■	■	■	■	■			
甜菜	■	■	■	■	■	■	■	■	■	■	■	■
西蓝花	■	■	■							■	■	■
胡萝卜				■	■	■	■		■	■		
黑加仑						■	■	■				
芹菜	■	■	■							■	■	■
樱桃						■	■	■				
圆白菜	■	■	■							■	■	■
菜花								■	■	■	■	■
黄瓜					■	■	■	■	■	■		
笋								■	■	■		
西葫芦					■	■	■	■	■			
小洋葱头						■	■	■	■			
苦苣	■	■	■	■								■
菠菜				■	■	■	■	■	■	■	■	
茴香						■	■	■	■	■	■	
草莓					■	■	■	■				
树莓					■	■	■	■	■	■		
扁豆						■	■	■	■	■		

所有时令表以法国时令为准。

月份	一月	二月	三月	四月	五月	六月	七月	八月	九月	十月	十一月	十二月
莴苣				■	■	■	■	■				
玉米							■	■	■			
柑橘	■	■									■	■
甜瓜						■	■	■	■			
黄香李								■	■			
萝卜	■	■	■	■						■	■	■
油桃							■	■				
洋葱	■	■	■	■	■	■	■	■	■	■	■	■
橙子	■	■	■									■
桃子							■	■	■	■		
四季豆					■	■						
梨	■	■	■				■	■	■	■	■	■
葱	■	■	■							■	■	■
苹果	■	■	■	■			■	■	■	■	■	■
土豆	■	■	■	■	■	■	■	■	■	■	■	■
甜椒						■	■	■				
李子						■	■	■				
李子干								■	■			
小红萝卜				■	■	■	■	■	■			
葡萄									■	■	■	
大黄					■	■						
生菜				■	■	■	■	■	■	■	■	
西红柿						■	■	■	■			

鱼类和贝壳类时令表

月份	一月	二月	三月	四月	五月	六月	七月	八月	九月	十月	十一月	十二月
钳子蟹	■	■	■	■	■	■					■	■
狼鲈				■	■	■	■	■	■	■	■	■
滨螺	■	■	■	■	■	■	■	■	■	■	■	■
梭鱼			■									
蛾螺		■	■	■	■	■	■	■	■	■	■	■
鲜鳕鱼		■	■	■	■	■	■	■	■	■	■	■
枪乌贼	■	■	■					■	■			
海鳗鱼		■		■	■	■	■	■	■	■	■	■
扇贝	■	■	■	■	■					■	■	■
虾						■	■	■	■	■		■
鲷鱼	■	■	■	■	■	■	■	■	■	■	■	■
小龙虾					■	■	■	■	■			
大虎虾						■	■	■	■	■	■	■
鲱鱼										■	■	■
龙虾		■	■	■	■	■	■	■	■			
蚝	■	■	■							■	■	■
螯虾									■	■	■	■
挪威龙虾				■	■	■	■	■				
鮟鱇	■	■	■	■	■	■	■	■	■	■	■	■
鲭鱼			■	■	■	■	■	■	■	■		
牙鳕	■	■	■	■	■	■	■	■	■	■	■	■
无须鳕			■	■	■	■	■					
贻贝	■								■	■	■	■
鳐鱼	■	■	■	■	■	■	■	■	■	■	■	■
叉牙梭		■	■	■	■	■	■	■	■	■	■	■
猫鲨		■	■	■	■	■	■	■	■	■	■	■
沙丁鱼				■	■	■	■	■	■	■		
三文鱼	■	■	■	■	■	■	■	■			■	■
鲻鱼				■	■	■	■	■	■	■	■	■

月份	一月	二月	三月	四月	五月	六月	七月	八月	九月	十月	十一月	十二月
海鲂				■	■	■	■	■	■	■		
红金枪鱼						■	■	■	■	■		
黄道蟹						■	■	■	■	■	■	
大菱鲆				■	■	■	■	■	■	■		

肉类和家禽时令表

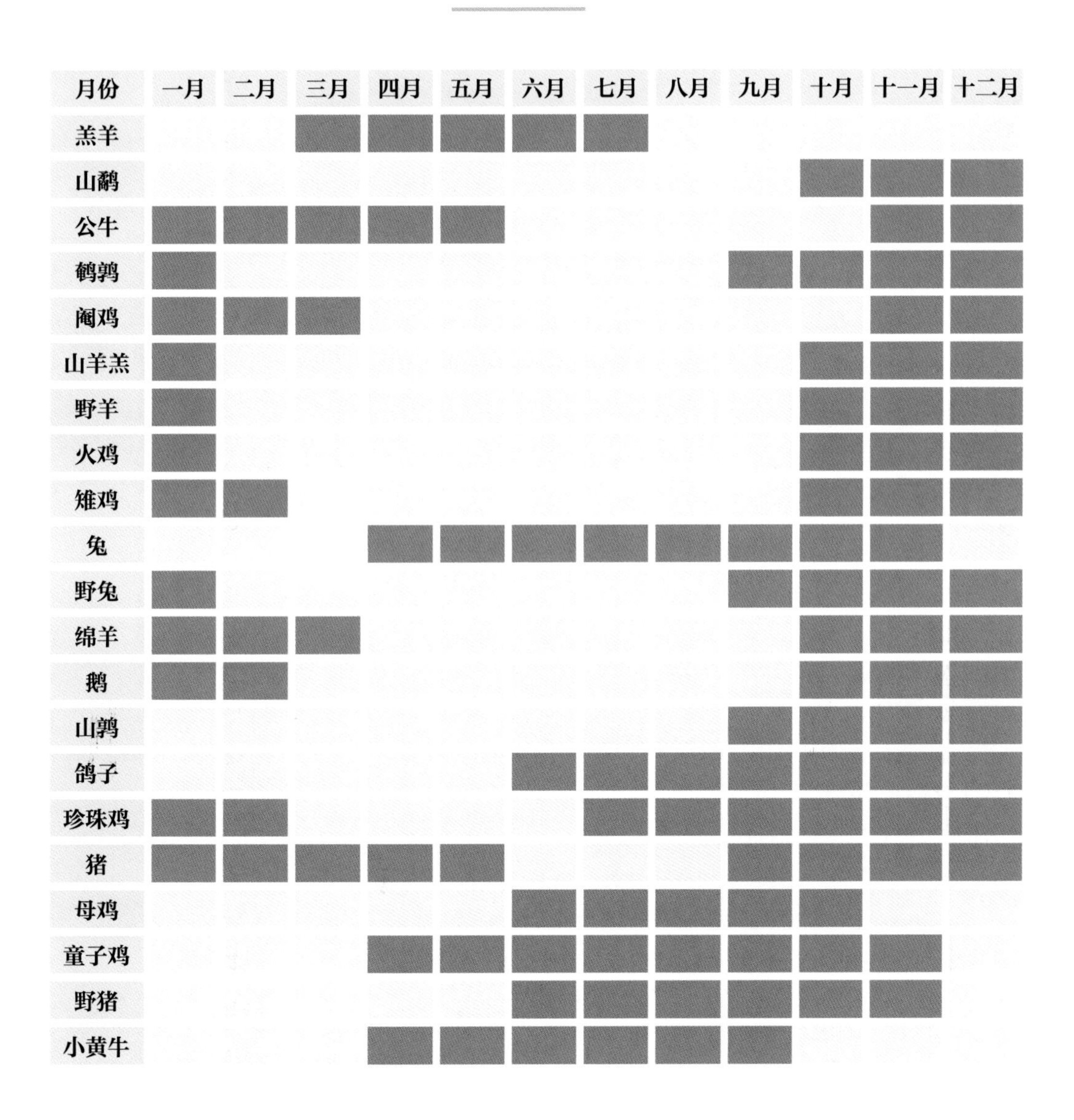

月份	一月	二月	三月	四月	五月	六月	七月	八月	九月	十月	十一月	十二月
羔羊			■	■	■	■	■					
山鹬										■	■	■
公牛	■	■	■	■	■						■	■
鹌鹑	■								■	■	■	■
阉鸡	■	■	■								■	■
山羊羔	■									■	■	■
野羊	■									■	■	■
火鸡	■									■	■	■
雏鸡	■	■								■	■	■
兔				■	■	■	■	■	■	■	■	
野兔	■								■	■	■	■
绵羊	■	■	■							■	■	■
鹅	■	■								■	■	■
山鹑									■	■	■	■
鸽子						■	■	■	■	■	■	■
珍珠鸡	■	■					■	■	■	■	■	■
猪	■	■	■	■	■				■	■	■	■
母鸡						■	■	■	■	■		
童子鸡				■	■	■	■	■	■	■	■	
野猪						■	■	■	■	■	■	
小黄牛				■	■	■	■	■	■			

烹调术语

擀面（Abaisser）：用擀面杖将面饼擀成薄面团。

杂碎（Abats）：指动物的头、脑髓、肾脏、舌头、肝脏、心脏、胸腺等。

鸡杂（Abattis）：家禽或野味的头、脖子、翅膀、爪子、肫、心脏和肝脏等。

酥炸腌制蔬菜（Accras）：裹面油炸的小炸糕（鱼或蔬菜馅），一般作主菜或开胃菜。

翅尖（Aileron）：家禽翅膀的尖。

淀粉（Amidon）：谷物、豆科植物、水果在烹调过程中释放的糖分，在烹调中常用作料汁或勾芡。

混合物（Appareil）：将所有配料混合，做好烹调一道菜的基础准备。

鱼刺（Aêrte）：鱼的骨头。

浇汁（Arroser）：为提味或防止肉质变干，给肉或家禽上浇浓汁、化黄油或汤汁。

调味（Assaisonner）：给备好的食材里撒盐、胡椒或香草料。

涂抹（Badigeonner）：用刷子给食材或厨具上涂食用油、鸡蛋液或酱汁。

隔水炖（Bain-marie）：将一个容器放进另一个更大、盛满沸水的容器里。这个技巧防止高温直接接触食材，常用作化开巧克力。

薄片肥肉卷（Barder）：用薄片肥肉包住食材。这种方法避免食物在烹调过程中失水过多，变干柴。

打发（Battre）：准备工序，通过用力搅拌改变食材状态，如将鸡蛋清打发泡沫，搅拌肉片。

半流质（Baveux/-euse）：一种没有烹调到全熟的状态（如摊鸡蛋）。

鸟嘴状（Bec d'oiseau）：一种介于泡沫和液体之间的食材形态。检验食材是否达到这种形态的技巧，是用搅拌器搅拌完后，举起搅拌器，观察尖端的食材形态是不是向鸟嘴一样。如将蛋清打发成鸟嘴状。

澄清黄油（Beurre clarifié）：将黄油隔水或在炖锅里化开，去掉乳清后的状态。

黄油膏（Beurre pommade）：软化的黄油，呈光滑、柔软的状态，像膏体一样有延展性。

涂黄油（Beurrer）：在模具或锅底涂一层黄油，避免食材在烹调过程中粘锅。

焯水（Blanchir）：将食材浸入凉水，随后将水煮开。绿色蔬菜焯水时，直接将其浸入烧开的水里，再浸入冰水冷却。

煨肉（Blanquette）：用白色汤汁将肉或家禽炖熟。

炒上色（Blondir）：将食物炒至金黄色。

捆、扎（Botteler）：将食材扎成捆。

原汁汤（Bouillon）：将肉、家禽或蔬菜用水浸泡，烹调出的液体。

煮沸（Bouillir）：将液体煮沸。

滚（Bouler）：用手将面团搓成球状，或在操作台上将食材揉成球形。

炖（Braiser）：盖上锅盖，慢烹调，不时加入汤汁。

鳃（Branchies）：鱼呼吸的器官。在加工鱼时需要去掉。

胸骨 [Bréchet (os du~)]：通常存在于小家禽体内，形的小骨头，需要在准备工作时去掉。

捆扎家禽（Brider）：将针和细绳穿起来固定住家禽的方法，防止烹调过程中松散变形。

刷（Brosser）：用刷子清洗。

丁（Brunoise）：蔬菜水果切丁，约2毫米见方。

焦糖化（Caramel）：烹调糖的最后一步，焦糖化之后糖会碳化。

整扇肋排（Carré）：整个肋骨。

面包屑（Chapelure）：小块干的、碎的、粉状的面包。

去虾线（Châtrer）：烹调前将螯虾的肠线去掉。

冷热法（Chaud-froid）：家禽、野味或鱼类菜肴，用热烹调方式做熟，再浇一层冷汁，且冷食。

通风小孔（Cheminée）：在烘烤熟的面点上开小孔，以便烘烤过程中产生的蒸气散出。常用锡纸、烘焙纸或钢制小套筒制作。除了通风，还可以将食材灌进内部，如烘烤完酥壳面包并冷却后，将胶状液体食材灌进面包里。

蒜包衣 [Chemise (en~)]：未去皮的蒜瓣。

过滤（Chinoiser）：将加工好的食材用斗笠状过滤器过滤，这种工具一般用来过滤酱汁或汤汁。

刻装饰线（Chiqueter）：在擀薄的面点上用刀轻划出边线，这种操作能增加烘烤过程中面点的支撑度。

切菜（Ciseler）：将蔬菜切成小丁或将香草类蔬菜切成薄片。

澄清（Clarifier）：将肉汤过滤，使其更清澈无杂质。这一操作同样适用于去除黄油里的乳清（见澄清黄油），也用于分离鸡蛋的蛋清和蛋黄。

上色（Colorer）：烹调过程中食材颜色或多或少的变化。

熬煮（Compoter）：慢烹调，使食材呈糊状。

切碎（Concasser）：粗略地将食材切碎。

腌制或糖渍（Confire）：用油脂慢慢浸泡肉，并慢煮；或用糖浆腌制水果，熬制果酱。

清炖肉汤（Consommé）：以牛肉或家禽高汤、鱼或贝类高汤为原料，澄清后烹调出的汤。

使食材筋道（Corder）：将面点、蔬菜酱、豆泥等食材加工至富有弹性的状态。

抹、刮（Corner）：用抹刀将容器里的食物刮干净。

削尖（Couper en crayon）：一般指像削铅笔一样将牛肝菌削尖。

烹调时快速加汁水（Court mouillement）：简单的烹调技巧，配菜只有少量汁水时快速加汁水。

盖（Couvrir）：把锅盖盖上。

加奶油（Crémer）：在已经准备好的食材上加奶油。

尾部（Croupion）：家禽类的屁股部分。

英式烹调（Cuire à l´anglaise）：在沸水中加盐煮。

焖（Cuire à l´étouffée）：利用蒸气烹调密闭容器内的食材。

烹调（Cuisson）：烹饪菜肴，也同样指烹调食物里产生的汁水。

球状打蛋盆（Cul-de-poule）：用来将鸡蛋打发的容器，容器为半球体，底部为圆弧形。

牛后臀肉（Culotte）：较靠上部的牛腿肉。

醒（Décanter）：静置液体，使杂质沉淀。

去壳（Décortiquer）：将贝壳类的外壳去掉。

去猪皮（Découenner）：将猪肉皮火燎、热水烫后去掉。

去牛臀肉（Déculotter）：将牛臀部的肉去掉。

化（Déglacer）：给烹调锅具里加入液体（酒、水等），化成汤汁。

浸泡去除杂质（Dégorger）：清除菜里的污水或一些食材里的血水。

去油脂（Dégraisser）：去除肉类的脂肪或酱汁的油脂。

搅和、调配（Délayer）：将固体食材掺水混合、稀释、搅拌。

脱模（Démouler）：将料理从模具中取出。

去核（Dénoyauter）：将水果的核去掉。

去鱼骨（Désarêter）：将鱼刺去掉。

脱水（Déshydrater）：将食材脱水。

去骨（Désosser）：去掉骨头。

干燥（Dessécher）：在准备过程中使食材的水分蒸发。

切分（Détailler）：将食材切成更小、更规则的形状。

和面（Détendre）：通过加液体或其他的食材，如水、牛奶、鸡蛋，使面团更柔软。

去血管（Déveiner）：将肥肝上的血管去掉。

分割（Dissoudre）：将结实的躯体分解，并加些汁液。

涂蛋黄（Dorer）：用刷子将蛋黄液涂在糕点上。

摆盘（Dresser）:将烹调好的菜肴摆放在盘子里。

巴黎蘑菇酱（Duxelles）： 将巴黎蘑菇、洋葱和小洋葱头切碎，用黄油炒熟。

蔬菜水（Eau de végétation）： 蔬菜在烹调过程中排出的水分。

去鳍（Ébarber）： 加工鱼时去掉鱼鳍。

煮沸（Ébouillanter）： 将水加热煮沸。

去鳞（Écailler）： 将鱼的鳞片刮掉。

剥蛋壳（Écaler）： 将煮鸡蛋的蛋壳剥掉。

脊柱（Échine）： 猪从脖子到前五排肋骨的部分。

果皮（Écorce）： 一些水果硬而厚的果皮。

剥去荚壳（Écosser）： 将豌豆、四季豆等豆类蔬菜的豆荚壳去掉。

撇沫（Écumer）： 将烹调过程中产生的浮在表面的泡沫撇掉。

刮芦笋皮（Écussonner）： 加工芦笋时将杂质去掉。

去枝叶（Effeuiller）： 将香草料的叶子和枝分开。

将坚果切薄片（Effiler）： 将杏仁或开心果顺着长的方向切成薄片。

沥干水分（Égoutter）： 将浸透液体的食材沥干水分。

去谷物子（Égrainer）： 烹调完米、粗面粉后用去子叉子去掉谷粒。

磨碎屑（Émietter）： 将食材磨成碎屑。

切成薄片（Émincer）： 将蔬菜或水果切成厚度均等的薄片。

进炉（Enfourner）： 将面包等食材放进烤箱。

第一块（Entame）： 切下的第一块（片）食物。

去水果子（Épépine）： 将水果的子去掉。

去梗（Équeuter）： 将一些食材的梗去掉，如蘑菇、樱桃等。

肉片（Escalope）： 肉类、家禽斜切薄片。

滤网（Escaloper）： 细密而柔软的筛网，用来过滤液体。

加工成形（Étamine）： 用手将面团揉搓成某种形状。

馅料（Façonner）： 将食材切碎、加调料，再将其填充在某一加工好的食物内部。

加馅料（Farce）： 填充馅料。

塞满（Farcir）： 在一种食材中填入另一种食材。

小火（Feu doux）： 小火烹调。

大火（Feu vif）： 大火烹调。

黄油和的面（Feuilletage）： 用黄油和的面（做油酥点心用）。

用黄油和面（Feuilleter）： 用面团与油性食材（黄油或人造奶油）混合，并将黄油或人造奶油薄薄地叠加涂在面点上。

捆扎（Ficeler）： 用细绳捆扎固定。

里脊（Filet）：动物身上最细嫩的肉。

用保鲜膜覆盖（Filmer）：将食材用食品保鲜膜包住。

过滤（Filtrer）：将食材中的杂质用斗笠状过滤器或漏勺过滤。

火烧（Flamber）：在食材上浇烧酒后用火点燃。

撒面粉或淀粉（Fleurer）：给面团、砧板、操作台或模具上撒一层薄薄的面粉，防止粘连。

做垫底（Foncer）：给模具或烤盘里放一层擀薄的面团垫底，注意面团要完全贴合烤盘和内壁。

高汤（Fond）：收汁后的肉汤，用来做酱料汁。

化开（Fondre）：使固态变成液态。

压、榨（Fouler）：用长柄汤勺或大勺子用力挤压食材，以挤出更多的汁液。

塞、填（Fourrer）：填充馅料。

揉面（Fraiser）：用手掌揉面，使其光滑，但不需揉出特定的形状。

轻微滚动（Frémir）：液体煮沸前的微微波动、滚动。

焖（Fricassée）：加锅盖焖煮食物。

油炸（Frire）：将食材浸入油锅里煎炸。

烟熏（Fumer）：将肉、家禽或鱼用烟熏制，使其散发出更独特的味道。

鱼调味汁（Fumet）：鱼汤做成的调味汁。

配菜（Garniture）：放在盘子里用来装饰或佐餐的菜品。

明胶（Gélatine）：用动物骨头和组织烹调出的无色、无味的固体食品。

肉冻（Gelée）：肉汁经过冷冻变得富有弹性而坚固。

芽（Germe）：蒜瓣里长出的微绿的苗。

野味（Gibier）：打猎得来的某些动物的肉。

后腿（Gigot）：一些动物的后腿肉（如羊腿），需要切着吃。

加光面（Glaçage）：给蛋糕面上涂一层糖面，也指给菜肴浇一层料汁。

用炉子加热加光面（Glacer à la salamandre）：给菜肴上撒一层黄油或糖霜，并放进炉子快速烘烤。

撒奶酪烘烤（Gratiner）：向食材表面撒格鲁耶尔奶酪、帕尔玛奶酪或其他奶酪，将其放进烤箱中烘烤上色。

结块（Grumeaux）：当食材没有充分搅拌并融合时形成的小块凝结物。

清除内脏（Habiller）：烹调前对家禽或鱼类进行的初步准备。家禽类加工指火烧（绒毛）、剔除筋肉、掏空并切掉内脏；鱼类加工指刮去鳞片、去鱼鳍、掏空内脏、清洗干净。

剁碎（Hacher）：切小块。

装饰（Historier）：装饰食材（如将鸡蛋切成半月形）。

涂油（Huiler）：给模具或烤盘内壁涂油，以防粘连。

混合（Incorporer）：在准备好的食材里加入一种或几种其他食材，均匀并充分搅拌。

切开（Inciser）：用刀子轻刺，不用过深，以便烹调得更充分、更入味。

牛腿肉（Jarret）：小牛腿肉、牛胫肉。

丝（Julienne）：蔬菜细丝，长五六厘米。

压面（Laminer）：将面团放到压面机的滚轴里，将面抻长，随后切成规则的薄片。

分离鱼排（Lever）：将鱼排从鱼骨上分离。

勾芡（Lier）：用黏稠的汁液或食材勾兑另一种食材，使其更浓稠、均匀。黏稠的食材可以是鲜奶油、蛋黄液、黄油、面粉等。

叶（Lobes）：一般指肥肝的两片大小不一的圆形组织。

使有光泽（Lustrer）：给食物上淋一层澄清黄油、食用油或蛋黄液，使其表面光亮。

什锦、杂烩（Macédoine）：将不同的蔬菜、水果切丁混合搅拌。

骨头去肉（Manchonner）：将附着在骨头上肉剔除。

腌制（Mariner）：将混有腌料的食材静置数小时，使其入味，腌料可以是香料、汁液、香草或蔬菜。

标记（Marquer）：用刀划出痕迹。

堆积（Masser）：常指在烹调过程中糖分堆积在锅的边缘，凝结成小块。

粒（Matignon）：蔬果粒，厚 0.5 ~ 1 毫米。

派皮（Migaine）：鲜奶油和鸡蛋的混合物，用来做馅饼、猪油火腿蛋糕或洛林火腿馅饼。

炖（Mijoter）：慢火煮，均匀加热。

块（Mirepoix）：蔬菜或水果块，厚约 1 厘米。

搅拌（Mixer）：将食材用搅拌机磨碎并混合。

去皮（Monder）：某些蔬菜或水果经沸水焯过再冷却后，表面的薄膜随之脱落。

打发蛋清等（Monter）：用打蛋器搅拌蛋清、鲜奶油等，因快速搅拌、混入空气而发起浓稠的泡沫，其体积和轻盈度皆会增加。

加汁水（Mouiller）：烹调时在食材中加液体。

冒泡（Mousser）：用搅拌器搅拌食材，使食材更轻、更稠密。也常指黄油在锅底开始化开的阶段。

浇汁（Napper）：在菜肴或糕点上浇一层酱汁或奶油。

牛腿肉（Noix）：牛大腿部分的肉。

装塞（Obturer）：完全封闭。

准备烹调（“PAC”）：准备烹调。

牛肩肉（Paleron）：临近牛肩胛骨处平整且肥厚的部分。

面包汤（Panade）：面团与水、牛奶、黄油、面粉搅拌，用作烹调肉肠。

撒面包粉（Paner）： 在烹调或烧烤前给食材撒面包粉。

英式撒面包粉（Paner à l´anglaise）： 烹调之前将食材沾上面粉、鸡蛋液，随后撒面包粉。

剔除肉（Parer）： 剔除食材上所有不可食用的部分。

边角料（Parures）： 从食材上切掉的部分，常将其再利用烹调汁水、汤料、馅料等。

过滤（Passer）： 将已经加工好的食材或酱汁用斗笠状过滤器或漏勺过滤，过滤掉不可食用的部分，得到质地均匀的食材，

肉卷（Paupiette）： 待进一步加工的、塞满馅料并卷成卷的小块肉卷。

三角块（Paysanne）： 三角形或边长约 1 厘米的蔬果块。

梗（Pédoncule）： 西红柿梗。

揉（Pétrir）： 将食材混合、按压、搅拌。

捣碎（Piler）： 用杵或研钵将食物捣碎成泥或粉末。

戳孔（Piquer）： 用刀或叉子在面点表面戳小洞，防止胀气。

蔬菜蒜泥浓汤(Pistou): 加入橄榄油拌碎罗勒叶，制作成的蔬菜浓汤。

为提醒起见（P. M）： 当食材数量无法精确计量时，只能根据每种食材的味道决定用量。

煮（Pocher）： 将食物慢煮，水无须煮开。

大勺子（Pochon）： 小一号的长柄汤勺。

烩（Poêler）： 用炒锅或长柄平底锅（盖锅盖）烹调肉片或家禽，配香味配菜。

膏（Pommade）： 富含油脂或其他某些食材，浓稠且质地均匀。如黄油膏。

苹果形（Pommé）： 指某种食材，如圆白菜，像苹果一样圆。

带肉菜的汤（Potage）： 待进一步烹调的肉汤，可过滤，由蔬菜、香草、肉、鱼或贝类食材组成。

预热（Préchauffer）： 在烤箱烘烤食物前先启动加热。

准备（Préparer）： 将一些食材中不能使用和肥腻的部分去掉。

果泥（Pulpe）： 特指压榨蔬菜或水果的蔬果汁里的沉淀物。

划格子（Quadriller）: 将食材放在烤架上，使其表面印出网格。

四分之一部分（Quartier）： 将水果或蔬菜四等分后的其中一块。

兔脊背（Râble）： 兔子从肩部至腿根处。

擦丝（Râper）： 用刨菜板将食材擦成丝。

收汁（Réduire）： 将液体烹调至沸腾状态，使其蒸发部分液体。

静置 [Reposer (laisser~)]: 将面团或食物保存（保鲜、室温或冷藏），直到再用其烹调。

备用（Réserver）：将食材放置一边，直到再用其烹调。

油煎 [Revenir (faire~)]：将食物用富含油脂的食材或黄油烹调。

胸腺（Ris）：小牛或羔羊腺体，位于胸脯的顶端处，在动物成年后消失。

烤黄 [Rissoler (faire~)]：用含油脂的食材将食物烤至微黄。

烤、烘（Rôtir）：将肉或家禽放进烤箱或烤架上烹调。

使成焦黄色（Roussir）：将食材烹调至焦黄色。

黄油面粉料（Roux）：将面粉与其他含油的食材混合,搅拌好后放入菜肴,以增加菜肴的黏稠度。

酒香蛋黄羹（Sabayon）：用煮熟的蛋黄和奶油烹调。

冷却（Sangler）：将食材放入盛有冰块的容器中使其冷却。

腌制盐水（Saumure）：将盐和水混合起来，用来腌制食材。

撒（Saupoudrer）：撒碎的或粉末状的食材。

炒（Sauter）：不盖锅盖，加少许油脂，用长柄平底锅或一般的平底锅大火快速烹饪。

收紧（Serrer）：快速搅拌，打发食材，使其质地均匀、绵密。

使黏性增加（Singer）：撒面粉以增强食材的黏性。

糖浆（Sirop）：糖在烹调至 100℃后的状态。

糖浆状（Sirupeux/-euse）：含有少量黏稠的糖浆。

连接处（Soudure）：两个面团连接处的边缘，用手掌揉出。

使膨胀（Souffler）：烹调时使面点充气膨胀，其内部组织轻盈而充满空气。

汁 [Suc (s)]：烹调时聚集在容器边缘的物质。

煸（Suer）：烹调去除蔬菜中的水分。

翅肉（Suprême）：家禽翅膀处肉的部分。

切（Tailler）：切割。

筛（Tamiser）：用筛子过滤结块和杂质。

烤（Toaster）：烘烤食物，一般指面包。

收稠（Tomber）：将混合的食材烹调收汁呈糊状。

焙（Torréfier）：将食材（面粉、咖啡、榛子）放进烤箱烘烤，但不加任何油脂。

圆切（Tourner）：将蔬菜切成圆形。

搅拌（Travailler）：将面团或其他食材用力搅拌。

搅拌防凝固（Vanner）：用抹刀搅拌食材或奶油，防止其表面形成薄膜。

浓汤（Velouté）：黏稠和富含奶油的汤（加入蛋黄增加稠度）。

掏空内脏（Vider）：将家禽或鱼的内脏清空。

食谱索引

基础准备工序索引

寄语和提示

厨师仪表

厨师首先需要具备的是整洁的仪容仪表。厨师服需要勤更换、多熨烫，保持平整。我绝对赞同厨师服为白色，它能够最大限度地暴露衣服上的污渍。其他必不可少的配饰有：围脖、厨师帽、为防止弄脏厨师服而必备的围裙。厨房里总是存在着各种隐患：比如潮湿的地面，容易使人摔跤。不论出于何种原因，为保护双脚，最好备一双安全鞋。为保持整洁，记得常打鞋油保养。

男性厨师要注意保持面部整洁，常刮胡子；蓄胡须的男性，要将胡须修剪整齐。

切记，厨师的仪表反映工作态度。

保持卫生

厨房工作和仪表一样，都需要保持干净整洁。首先要保证食材应季和新鲜，即冷链运输，冷链运输是目前避免食物在运输过程中腐败变质的最佳方式。烹调过程中需经常洗手，保持手部和指甲清洁。在做某些操作时，记得戴手套，过后及时丢弃。

厨师可能经常出差，不论目的地是哪儿，都需要知晓当地现行的规则制度，这些规则随目的地不同而实时变化，所以需要时刻保持关注。

善用厨具

务必保持厨具干净。为了菜肴呈现出更好的味道，一定要选择适合的厨具：好刀切出好食材，适合的锅烹制分量不同的菜肴。

厨具的更新换代意味着其性能越来越好，需要了解厨具更迭的情况，并积极尝试最新的技术。好的厨具可以提高效率，节省时间。

食材保鲜

烹调的根本是由所选食材决定的。为获取新鲜的时令食材，要充分相信专业人员（蔬果商、鱼商、肉商等）的选择，他们能在食材的选择上给予指导。充分与专业人员沟通，才能展示出食材的特性和味道。除此以外还要注意不同的规则，如欧洲规定鱼类和其他捕捞海产品的冷藏温度范围为 0 ~ 2℃，肉类和家禽类为 4℃，易腐烂的蔬菜为 4℃，易腐坏的食物为 8℃。

尤其要重视冷链运输的各个环节：几分钟转接时间就可能产生卫生问题，并破坏食材的机能。在烹调时，也就是食材最终呈现环节，会由于这些问题影响菜肴口感。最后，在每个步骤前都要提前准备好食材：计算好清洗蔬果的时间，加工鱼类和家禽的时间，准备肉类的时间。

杜绝浪费

需要时刻注意杜绝浪费，这也是对那些让食材最终到达厨房的劳动者的尊重。及时更新烹调方法和菜谱，最大限度地利用食材。在加工时，保留边角料，这些食材最终能够再利用，制作馅料、熬汤、剁肉馅、做蔬菜泥、制作罐头等。

根据需求量进行采购：没有实际需求的过度采购毫无必要。法国 40% 的食品在购买后被浪费，这个数量非常惊人！量化购买清单，优先购买当季食材，既节省时间，也节省金钱。

以上就是我的建议！可在实际操作中，逐渐加入自己的技巧和观点。

致谢

感谢全年无休的劳动者，是他们用劳作和热情，培育、生产、挑选、加工和收集了法国这片沃土上的果实。没有他们的辛勤劳动，就没有珍馐美味，更没有厨师。

感谢我的恩师见证了我这个学徒从巴黎厨师学校一步步走向爱丽舍宫，经年累月地向我传递他们的热情，传授技巧、秘诀和对厨师这份职业的热爱。谨以此书向他们致敬。

对两位传奇人物，保罗·博古斯（Paul Bocuse）和乔·卢布松（Joël Robuchon），致以我最崇高的感谢。这份感谢承载着所有厨师对他们的情感，承载着他们在法国料理中达到的成就，承载着我对他们的真挚情谊，感谢他们接受这份邀约，为本书作序。

感谢我的两位助手，塞德里克·夏波蒂（Cédric Chabaudie）和莱昂内尔·维耶（Lionel Veillet），感谢爱丽舍宫的厨师团队平日里的精诚合作，我与他们中的一些人共事已有20年。

感谢出版社。尤其要感谢法比安娜（Fabienne）、劳伦斯（Laurence）、萨比娜（Sabine）、克莱尔（Claire）、瓦雷瑞阿娜（Valériane）和艾尔玛（Elma）。

感谢阿丽娜（Aline）的专业工作和耐心。

感谢朱迪·克拉维尔（Judith Clavel）美丽的摆盘。

感谢让－夏尔·瓦扬（Jean-Charles Vaillant）拍摄的照片和我的朋友马尔西亚（Martial），没有他的帮助，我的书不可能如期完成！

感谢斯戴芬·德·布尔日（Stéphane de Bourgies）帮我拍摄了这张完美的封面照片。

感谢玛丽·欧蒂乐（Marie-Odile）、加丽纳（Karine）和希尔薇（Sylvie）帮助我仔细地核稿。并诚挚感谢尼古拉（Nicolas）和爱丽丝（Elise）的辛勤工作和耐心。

同样要感谢阿蕾西亚·付谢尔－夏莱勒（Alexia Foucher-Charraire）、贝尔纳·毕舒耐（Bernard Bissonnet）、维尔日·圣欧斯塔奇（Vergers Saint-Eustache）、阿尔玛拉（Armara）、亨利·帕尔图（Henri Partouche）和尼维纳斯肉店（Boucheries nivernaises）等所有为我们提供食材支持的商铺：德·布耶尔（De Buyer）、都拉雷克斯（Duralex）、基·德格尔内（Guy Degrenne）、凯膳怡（Kitchen Aid）、酷彩（Le Creuset）、Microplane和Revol。

感谢那些对本书予以指正、建议，并让这本书推广开来的人。

感谢我的厨师同事、志愿者、朋友们组成的大家庭，我通过不同的协会和场合与他们结识。他们帮助和促进我将法国料理推向全世界，并丰富了我的人生。

感谢我特别的伙伴“5J”，他们是若赛（José）、强尼（Johny）、小强尼（Johnny）、乔尔（Joël）和雅克（Jacques）。他们无论在专业上还是人格上，都深深地影响并塑造了我。

感谢我的父母总是支持我的选择。尽管当初我选择这份职业时，世俗的价值观并不看好，但他们仍尊重我在职业道路上的选择。

谢谢我所爱的人，他们支持我的事业，鼓励我的热情，谅解我的缺席，我已无法奢求更多。

本书中所有的照片均由让－夏尔·瓦扬（Jean-Charles Vaillant）拍摄。第9页保罗·博古斯（Paul Bocuse）人像由斯戴芬·德·布尔日（Stéphane de Bourgies）拍摄，第10页乔·卢布松（Joël Robuchon）人像由美食频道（Gourmet TV Productions）拍摄。摆盘由朱迪·克拉维尔（Judith Clavel）完成。

图书在版编目（CIP）数据

法式西餐宝典 /（法）纪尧姆·戈麦著；（法）让－夏尔·瓦扬摄影；罗杨子译. —北京：中国轻工业出版社，2019.11

ISBN 978-7-5184-2584-6

Ⅰ.①法… Ⅱ.①纪… ②让… ③罗… Ⅲ.①西式菜肴－菜谱－法国 Ⅳ.①TS972.183.565

中国版本图书馆 CIP 数据核字（2019）第 153984 号

责任编辑：胡　佳　　责任终审：张乃柬　　整体设计：锋尚设计
策划编辑：高惠京　胡　佳　　责任校对：李　靖　　责任监印：张京华

出版发行：中国轻工业出版社（北京东长安街6号，邮编：100740）
印　　刷：北京富诚彩色印刷有限公司
经　　销：各地新华书店
版　　次：2019年11月第1版第1次印刷
开　　本：787×1092　1/16　印张：25
字　　数：400 千字
书　　号：ISBN 978-7-5184-2584-6　定价：228.00元
邮购电话：010-65241695
发行电话：010-85119835　传真：85113293
网　　址：http://www.chlip.com.cn
Email：club@chlip.com.cn
如发现图书残缺请与我社邮购联系调换
181160S1X101ZYW